Die drei vom Brombeerweg
und das verschwundene Flugzeug

11.80

Marion Birkigt

Die drei vom Brombeerweg und das verschwundene Flugzeug

Band 1
BLB-Adventures

Verlag Bibellesebund, Marienheide

ISBN 3-87982-170-4

Umschlag und Illustrationen: Justo Garcia Pulido, Bonn
Druck und Gesamtherstellung: Breklumer Druckerei
Manfred Siegel KG, Breklum
Printed in Germany

Inhalt

Die drei vom Brombeerweg 7
Johnny faßt einen Plan 13
Nächtliches Abenteuer 19
Die Sache ist ernst 29
Bravo, Frau Seidel! 36
Detektive haben's schwer 42
Ein wichtiger Brief 50
Das Rennen beginnt 56
Unternehmen Plastiktüte 63
Verfolgungsjagd 69
Eine wertvolle Fracht 76
Grund zum Feiern 84
Kommissar Wegelein hat was zu sagen 90
Eine große Überraschung 96

Die drei vom Brombeerweg

»Tschüß, Frau Böttcher!« Verschmitzt winkt Johnny seiner Mutter zu und schwingt sich lässig aufs Rad, die Schultasche hinten auf dem Gepäckträger.

Johnny, der eigentlich Johannes heißt, wohnt allein mit seiner Mutter in dem Mietshaus aus rotem Backstein am Brombeerweg Nr. 31. Sein Vater ist gestorben, als er noch ganz klein war, und Johnny kann sich nicht mehr an ihn erinnern. Das Foto auf Muttis Nachttisch zeigt einen stattlichen Mann, der mit fröhlichem Gesicht in die Kamera guckt und wie Johnny rote Haare hat. Manchmal bedauert Johnny, daß er keinen Vater mehr hat, an den er sich wenden kann in reinen »Männerfragen«. Aber ansonsten findet er es ganz gut so, nur mit seiner Mutter allein. Die beiden hängen sehr aneinander.

Drei Häuser weiter – Brombeerweg Nr. 25 – stößt er einen gellenden Pfiff aus. Das ist das Startzeichen für Markus Siebeling, genannt Mops. Noch kauend stiefelt der lange Schlaks die Treppe herab.

Mops sieht überhaupt nicht aus wie ein Mops. Seinen Spitznamen verdankt er vielmehr seinen Großvätern, nach denen er außer Markus auch noch Otto und Paul heißt. Markus Otto Paul Siebeling – liest man die Anfangsbuchstaben, dann hat man den Mops. So ist das.

Gemeinsam radeln die beiden Freunde – der eine klein, rothaarig und sommersprossig, der andere einen halben Kopf größer, schmal und mit Brille – den Brombeerweg hinunter. Sie haben es nicht weit bis zur Schule, nur gut fünf Minuten mit dem Fahrrad. Bei der Straßenunterführung geht es hinunter an die Alster, die hier im Norden Hamburgs nur ein schmales Flüßchen ist. In starken Windungen schlängelt sie sich unter hohen Bäumen das Alstertal hinab. Dann über die Alsterparkbrücke auf die andere Seite des Flusses, ein Stück den Alsterwanderweg entlang, und schon sind sie am Seiteneingang zum Schulgelände, direkt bei den Fahrradunterständen. Eigentlich könnten sie auch zu Fuß gehen, aber welcher Zwölfjährige tut das schon, wenn er ein Fahrrad hat?

An der Straßenunterführung wartet Tina auf Johnny und Mops. Tina, deren voller Name Martina Schmitt lautet – Schmitt mit Doppel-T! – wohnt ganz unten am Brombeerweg Nr. 3, fast schon am Ratsmühlendamm. Sie ist ein hübsches Mädchen mit schulterlangen, blonden Haaren. Tina hat noch einen kleinen Bruder – Florian, vier Jahre alt und manchmal eine wahre Plage – und Mops eine zehn Jahre ältere Schwester, Meike Siebeling, die aber nicht mehr zu Hause wohnt.

Johnny, Tina und Mops kennen sich schon aus dem Kindergarten, sie sind bereits seit Urzeiten »Die drei vom Brombeerweg« und fast unzertrennlich. Nur in einem Punkt unterscheiden sie sich: Tina stammt aus einer christlichen Familie. Es ist für sie ganz selbstverständlich, nach Gott zu fragen, in der Bibel zu lesen und zu beten. Johnny und Mops glauben zwar auch an Gott – schließlich kann sich so etwas Tolles wie die Natur nicht selbst geschaffen haben! Gott als Schöpfer der Erde, okay. Aber daß sich dieser Gott auch heute noch um die Menschen kümmert, sie liebhat und ihnen hilft, wenn sie zu ihm beten, nein, das kann Johnny beim besten Willen nicht glauben, da kann sich Tina den Mund fusselig reden. Es gibt so viel Ungerechtigkeit in der Welt, die es nach Johnnys Ansicht nicht geben dürfte, wenn Gott wirklich Macht hätte.

Außerdem hat Johnny es einmal ernsthaft versucht mit dem Beten: vor einer Mathearbeit. Mathematik ist nämlich sein schwacher Punkt. Und was war? Eine Fünf hat er geschrieben! Ne, einen lebendigen Gott, der Gebete erhört, wie Tina immer behauptet, den gibt es nicht, da ist Johnny ganz sicher. Und Mops ist auch seiner Ansicht.

»Wo bleibt ihr denn?!« ruft Tina schon von weitem. »Es ist schon zehn vor acht!«

»Immer mit der Ruhe!« begrüßt Johnny die Freundin. »In der ersten Stunde kommt Meyer Zwo, der ist sowieso nie pünktlich

und langweilig dazu. Da kann ich noch ’ne Runde pennen!«

Meyer Zwo unterrichtet als Geschichtsreferendar nur ab und zu in der Klasse und wird im allgemeinen nicht für voll genommen, weil er eben noch kein »richtiger« Lehrer ist. Dabei ist er eigentlich ganz nett.

Inzwischen füllt sich der Schulhof, ganze Horden von Schülern drängeln um die Fahrradständer, und Johnny muß sein Rad mit Tinas zusammenschließen, weil sein Nummernschloß immer noch kaputt ist. Die Schulglocke schnarrt.

»Auf in den Kampf«, seufzt Mops und schnappt sich seine Mappe. In der Klasse herrscht ein heilloser Lärm, bis alle auf den Plätzen sitzen und Meyer Zwo endlich anfangen kann.

»Du, gehen wir heute nachmittag zum Fliegerhorst?« fragt Mops Johnny leise hinter vorgehaltener Hand. Der »Fliegerhorst« ist der grasbewachsene hohe Müllberg am Raakmoor, den die Jungen als Startplatz für ihre Modellflugzeuge benutzen.

»Weiß noch nicht«, flüstert Johnny, über sein Geschichtsbuch gebeugt. »Hab’ mein Flugzeug dem Kai gegeben, der wollte sich mal die Höhenruder ansehen, die klemmen, und nun fehlt er!« Johnny weist mit dem Kopf nach hinten. Richtig, Kai Timmermanns Platz ist leer.

»Wir können ja mal bei ihm vorbeifahren«, beendet Mops das Gespräch. Meyer Zwo guckt nämlich schon dauernd zu ihnen herüber.

Aber am Nachmittag kommt keiner von den dreien dazu, bei Kai vorbeizuschauen: Mops wird von seiner Mutter in die Stadt geschleppt, er soll einen neuen guten Anzug verpaßt kriegen, da seine Oma bald ihren fünfundsiebzigsten Geburtstag feiert. Tina fährt wie jeden Montag zum »Jugendtreff« ihrer Kirchengemeinde, und Johnny brütet über einem Turm Extraaufgaben, eine Strafarbeit von »Alfred, dem Ekel«.

Alfred Eglowski, genannt »Alfred, das Ekel«, ist Mathelehrer in der 6a und steht mit der ganzen Klasse auf Kriegsfuß. Oder besser: die Klasse mit ihm.

Auch an den nächsten Tagen ist nicht an einen nachmittäglichen Ausflug zum »Fliegerhorst« zu denken, so sehr wird die 6a mit Schularbeiten eingedeckt. Und dann außerdem das Üben für die Mathearbeit! Kai Timmermann fehlt immer noch.

»Der Glückliche!« seufzt Johnny. »Da braucht er wenigstens Mathe nicht mitzuschreiben!«

Aber am Freitag, nach der Mathearbeit und ohne Hausaufgaben, vor sich ein langes, schönes Wochenende, beschließen die drei Freunde, nun endlich Johnnys Modellflugzeug von Timmermanns abzuholen. Seit Tagen scheint nämlich schon eine herrliche Sommersonne über Hamburg.

Sie radeln los, über die Reiterbrücke auf die andere Alsterseite, am Abenteuerspielplatz vorbei, ein ganzes Stück unter den schattigen Bäumen den Alsterwanderweg entlang und dann hoch zur Wellingsbütteler Landstraße, wo Kai wohnt: in einer alten weißen Villa mit Erkern und Türmchen.

Johnny drückt auf den Klingelknopf. Nichts rührt sich.

»Klingle noch mal«, meint Tina. Erst nach dem dritten anhaltenden Läuten hören sie Schritte hinter der Tür. Frau Timmermanns Gesicht erscheint in dem schmalen Türspalt.

»Ja, was ist?«

»Äh, ja, guten Tag, Frau Timmermann, wir wollten uns mal nach Kai erkundigen!« stammelt Johnny. Die Tür öffnet sich ein wenig weiter. Kais Mutter sieht blaß aus, sie hat tiefe Ringe unter den Augen.

»Kai ist krank«, sagt sie mit leiser Stimme und sieht dabei über die Kinder hinweg.

»Oh, das tut mir aber leid, was hat er denn?« fragt Tina. Frau Timmermann schüttelt nur stumm den Kopf. Merkwürdig.

»Ja, und er hat noch mein Modellflugzeug, und das wollte ich gern wiederhaben«, kommt Johnny zur Sache.

»Modellflugzeug?« Kais Mutter sieht aus, als ob sie gar nicht wüßte, was das ist. Dabei hat Kai doch selbst eins, sogar ein ganz teures!

»Können wir nicht mal eben reinkommen? Wir stören auch gar nicht. Und wenn Kai schläft, sind wir ganz leise, holen nur das Flugzeug und schleichen uns wieder aus dem Zimmer«, schlägt Johnny vor.

»Nein, nein, das geht nicht!« Frau Timmermann macht ein ganz entsetztes Gesicht. »In Kais Zimmer könnt ihr nicht! Es ist – er ist – ich meine – vielleicht steckt ihr euch an!«

In diesem Moment klingelt im Haus das Telefon. Kais Mutter fährt zusammen, als hätte sie ein Gespenst gesehen.

»Bitte geht jetzt!« ruft sie und macht die Tür eilig zu. Johnny, Tina und Mops sehen sich verdattert an. Was ist denn nur in Frau Timmermann gefahren, die war doch sonst nicht so?!

»Habt ihr gesehen, was für rote, verweinte Augen sie hatte?« flüstert Tina. »Ob es was Schlimmes ist mit Kai?«

Alle drei schauen zum linken Ecktürmchen hoch, in dem Kai sein Reich hat. Das Fenster ist zu, die Gardine vorgezogen.

»Ob ich mal ein paar Steinchen hochwerfe?« meint Johnny.

»Ne, lieber nicht. Wenn Kai wirklich so krank ist und dann vielleicht aufsteht ...« Mops schüttelt den Kopf und rückt seine Brille zurecht. »Ich glaube, wir gehen besser.«

Johnny faßt einen Plan

Dieses Wochenende muß sich Johnny damit begnügen, den anderen beim Modellflug zuzusehen. Nur Mops überläßt ihm als echter Freund ein paarmal sein Segelflugzeug. »Aber paß auf, daß du keine Bruchlandung machst!«

Johnnys Hoffnung, daß Kai vielleicht am Montag morgen wieder in der Schule ist, erfüllt sich nicht: Kais Platz bleibt leer.

»Aber irgendwas müssen wir doch unternehmen, ich kann doch nicht bis in alle Ewigkeit auf mein Flugzeug warten!« murrt Johnny in der Pause. Mißmutig betrachtet er sein Schulbrot. »Schon wieder Leberwurst!«

»Kannst mit mir tauschen, ich hab' Salami drauf«, bietet Tina an. »Übrigens: Hat Kai nicht einen großen Bruder? Torsten oder Karsten oder so?«

»Klar, Mensch! Karsten heißt er. Geht in die zehnte oder elfte Klasse. – Mops, das übernimmst du«, bestimmt Johnny. »Du siehst älter aus als Tina und ich, dich nimmt er eher für voll. Versuch mal, ob du ihn auftreiben kannst!«

»Okay.« Mops schlängelt sich durch die Fangen spielenden und herumtobenden Schulkameraden in Richtung auf die hintere Pausenecke, wo sich die Schüler der Oberstufe meist aufhalten.

Als die Schulglocke zum Unterricht läutet, kommt Mops wieder angetrabt. Vor dem Klassenzimmer stößt er zu den Freunden.

»Fehlanzeige, Karsten Timmermann fehlt auch!«

»Muß ja wirklich was Ansteckendes sein! Und was machen wir jetzt?«

»Jetzt setzt ihr euch wie alle anderen auf eure Plätze, damit ich anfangen kann!« Das ist Frau Dr. Wulff, die Klassenlehrerin der 6a. »Schlagt eure Bücher auf Seite 32 auf. Tina, lies bitte vor!«

Johnny findet manchmal, der Kerl, der die allgemeine Schulpflicht eingeführt hat, gehörte dafür gehörig bestraft.

Am Ende der Stunde, Frau Dr. Wulff packt schon ihre Sachen zusammen, fällt ihr plötzlich noch etwas ein. »Ach, ehe ich es vergesse: Wer von euch ist so nett und bringt Kai die Hausaufgaben von heute und letzter Woche? Er fehlt jetzt schon so lange.«

»Das machen wir!« rufen Johnny, Tina und Mops wie aus der Pistole geschossen. Frau Dr. Wulff zieht erstaunt die Augenbrauen hoch. Daß Tina hilfsbereit ist, weiß sie, aber Johannes und Markus melden sich nur selten freiwillig für eine Extraarbeit.

»Nun gut, ihr drei. Hier sind die Arbeitszettel, und was wir im Buch durchgenommen haben, wißt ihr ja wohl noch.«

Am liebsten wäre Johnny noch vor dem Mittagessen und vor allem vor den Schularbeiten zu Timmermanns geradelt. Aber in dieser Beziehung läßt Frau Böttcher nicht mit sich reden, und Frau Schmitt und Frau Siebeling denken leider ähnlich. Zu blöd, daß Tina auch noch zu diesem »Jugendtreff« will!

So ist es schon gegen 18 Uhr, als die drei vom Brombeerweg endlich ihre Räder vor der Timmermannschen Eingangstür an die Hausmauer lehnen. Auf ihr Klingeln öffnet ihnen wieder Kais Mutter. Sie sieht immer noch blaß und elend aus.

»Was wollt ihr denn schon wieder?« fragt sie nicht sehr freundlich.

»Frau Dr. Wulff schickt uns, wir sollen Kai die Hausaufgaben bringen«, antwortet Tina höflich.

»Vielleicht kann ich sie gleich erklären«, fügt Johnny eifrig hinzu. »In Englisch ist nämlich etwas Neues dran«, und schon will er an Kais Mutter vorbei ins Haus. Aber die schiebt geradezu erschrocken die Tür weiter zu. »Nein, nein, Johnny! Kai ist – ist – viel zu krank dazu! Aber ihr könnt die Aufgaben mir geben. Danke.« Und damit ist der verdutzte Johnny seine Arbeitszettel los und die Tür wieder zu.

»Sie hat nicht mal gefragt, wo wir im Buch sind«, meint Mops kopfschüttelnd. Komisch, sonst sind Mütter in diesem Punkt doch immer so genau. Kais Krankheit muß die arme Frau aber wirklich sehr mitnehmen!

Johnny ist maßlos enttäuscht, daß er wieder unverrichteter Dinge – ohne sein Flugzeug – heimwärts radeln muß. Da hat Tina eine Idee: »Und wenn wir es mal bei Herrn Timmermann im Möbelladen versuchen?«

Kais Vater besitzt ein großes Möbelgeschäft in Barmbek. »Bei TIMMERMANN sieh dir mal die Möbel an« – diesen Werbespruch findet man überall in Hamburg: auf Anschlagsäulen, an Bussen, als Prospektwerbung.

»Dafür ist es heute zwar schon zu spät, aber wenn wir morgen nach der Schule mit der Bahn hinfahren – vielleicht können wir so Johnnys Flugzeug wiederkriegen!«

»Klar, das machen wir!« stimmen die Freunde zu.

Am Dienstag – Kai fehlt nun schon sieben Tage in der Schule – klettern die drei also in Fuhlsbüttel in die Hochbahn, steigen nach zwei Stationen in Ohlsdorf in die S-Bahn um und fahren nach Barmbek. Vorher haben sie die genaue Adresse vom Timmermannschen Möbelgeschäft im Telefonbuch nachgeschlagen.

»Mensch, 'n ganz schöner Kasten!« staunt Johnny, als sie an der Fuhlsbütteler Straße vor dem Gebäude stehen. Die vordere Front besteht nur aus Schaufenstern mit Sitzgruppen, Schrankwänden und eleganten Schlafzimmern.

»Kein Wunder, daß die sich so 'ne feine Villa leisten können und Kai immer mit dem Taschengeld rumklotzt!« Johnny ist fast ein wenig neidisch, weil seine Mutter mit dem Geld sehr haushalten muß. Außerdem wurmt ihn, daß sein Taschengeld teilweise fürs Fahrgeld hierher draufgegangen ist. Aber Tina war strikt dagegen, »schwarz« – also ohne Fahrkarte – zu fahren. Tina, mit ihrem Ehrlichkeitsfimmel!

»Los, kommt, wir fragen mal nach Herrn Timmermann!« Tina ist schon an der gläsernen Eingangstür. Drinnen tritt ihnen gleich ein Verkäufer entgegen.

»Was darf es denn sein, die jungen Herrschaften?«

»Wir sind Schulfreunde von Kai Timmermann«, sagt Mops in seiner ruhigen Art, »und möchten dringend zu seinem Vater.«

»Na, hat wohl was ausgefressen, der Herr Sohn, was?!« Der Verkäufer zwinkert ihnen zu. »Ich will mal sehen, ob ich den Chef stören kann«, und schon verschwindet er über den weichen Teppichboden nach hinten.

Während sie warten, setzt sich Johnny in einen riesigen Sitzsack aus orangefarbenem Leder.

»Ganz gemütlich hier«, stellt er fest. »Setzt euch doch auch!«

Aber da kommt schon Herr Timmermann schnellen Schrittes auf sie zu. Mittelgroß, dezenter grauer Anzug, randlose Brille, welliges Haar – stellt Johnny mit einem Blick fest.

»Was habt ihr auf dem Herzen?« fragt Kais Vater freundlich, sieht die drei aber doch etwas mißtrauisch an. Johnny bringt sein Anliegen mit dem Modellflugzeug vor: »... und weil Kai doch krank ist und es mir nicht geben kann«, schließt er, »da dachten wir, vielleicht könnten Sie es mir zurückgeben?«

Herr Timmermann nickt zerstreut. »Ja, ja, natürlich.« Er starrt angestrengt auf seine Schuhspitzen. »Kommt doch heute abend bei mir zu Hause vorbei.« Er hebt mit einem Ruck den Kopf. »Oder besser: Ruft mich gegen zwanzig Uhr an.« Damit scheint die Angelegenheit für ihn erledigt, und die Kinder marschieren wieder nach draußen.

»Seht ihr, es klappt!« meint Tina zuversichtlich.

»Noch hab' ich mein Flugzeug nicht«, brummelt Johnny. Und damit hat er leider recht. Denn als er Punkt zwanzig Uhr bei Herrn Timmermann anruft, ist dieser zwar gleich am Apparat, sagt aber nur ganz knapp: »Tut mir leid, hier ist dein Flugzeug nicht. Vielleicht hast du es einem anderen Jungen gegeben!« Und schon macht es »klick« in der Leitung.

»Das gibt es doch gar nicht!« Johnny ist voll flammender Empörung.

»Als ob ich völlig vertrottelt wäre! Ich weiß doch genau, wem ich meine Sachen gebe und wem nicht!«

Mops putzt bedächtig seine Brille. »Rätselhaft, höchst rätselhaft«, murmelt er.

»Und was willst du nun machen?« erkundigt sich Tina.

»Ich will euch sagen, was ich mache: Ich hole mir mein Eigentum zurück! Eigenhändig!« Johnny ist nicht mehr zu bremsen. »Und ich weiß auch schon, wie! Kai hat doch eine Katze, und er hat mir mal erzählt, daß sie immer ein schmales Fenster im Keller offenlassen. Nach hinten zu, zur Alster hin, damit das Viech nachts raus- und reinkann. Da steig' ich ein, noch heute Nacht!«

Mops wiegt bedenklich seinen Kopf, und Tina hält überhaupt nichts davon: »Ne, Johnny, das finde ich nicht gut! Du kannst doch nicht einfach bei fremden Leuten einsteigen!«

Doch Johnny ist wild entschlossen. »Ihr braucht ja nicht mitzukommen, wenn ihr zu feige seid, ich mach's auch allein!«

»Das hat mit Feigheit überhaupt nichts zu tun«, entgegnet Tina. »Mutiger wäre es, wenn du dich noch mal an Timmermanns wendest und darauf bestehst, mit Kai sprechen zu dürfen. Das wäre der richtige Weg, nicht so eine krumme Tour, wie du sie vorhast. – Aber ich sehe schon«, fügt sie seufzend hinzu, »daß du dich davon nicht abbringen läßt. Also schön, wir kommen mit. Dann sind wir wenigstens da, wenn die Sache schiefgeht.«

Nächtliches Abenteuer

Punkt Mitternacht klingelt bei Johnny Böttcher der Wecker unter der Bettdecke. Drei Häuser weiter und an der Ecke vom Brombeerweg geschieht das gleiche. Hoffentlich wacht Tinas kleiner Bruder nicht auf und macht den ganzen schönen Plan zunichte! Johnny rollt ein paar Pullover und Jeans zusammen und stopft sie unter seine Bettdecke, damit es so aussieht, als läge er drin. Vorsicht ist die Mutter der Porzellankiste! Dann schleicht er ungesehen in Trainingsanzug und Turnschuhen, ausgerüstet mit seiner Taschenlampe, aus dem Haus.

Tina legt vorsichtshalber einen Zettel auf ihre Bettdecke, der ihre Eltern informiert, falls einer ihr Fehlen bemerkt.

Um null Uhr fünfzehn radeln drei Gestalten über den Ratsmühlendamm und biegen in die Wellingsbütteler Landstraße ein. Einmütig hatten die Detektive beschlossen, nicht den stockfinsteren Alsterwanderweg entlangzufahren, sondern lieber über die breite Autobrücke und die beleuchtete Fahrstraße. Das ist auch besser für Mops, der nachts noch weniger sieht als am Tage.

Um diese Zeit sind kaum Fahrzeuge unterwegs. Kurz vor halb eins halten die drei vor der Timmermannschen Villa. Im Haus ist alles dunkel. Gut! Dann schlafen sicher alle. Johnny sieht sich verstohlen um und öffnet vorsichtig die Pforte, damit sie nicht quietscht. Dann schieben sie ihre Räder seitlich an der Hauswand entlang bis in den hinteren Garten, der in völliger Dunkelheit liegt. Nur ein Holzzaun trennt das Grundstück vom Alsterwanderweg. Dahinter strömt der Fluß, schwarz und unheimlich.

»Hoffentlich stimmt das auch mit dem offenen Fenster für die Katze«, meint Mops zweifelnd. Johnny leuchtet mit der Taschenlampe unten an der Hausfront entlang.

»Da! Seht ihr? Hier ist das Fenster einen Spalt offen, und groß genug ist es auch für mich!«

Tina versucht ein letztes Mal, Johnny von seinem wahnwitzigen

Vorhaben abzubringen. »Willst du wirklich wie ein Einbrecher ins Haus einsteigen?«

»Ich klau' ja nichts!« verteidigt sich Johnny. »Ich hole mir doch bloß mein Eigentum zurück!«

»Na, dann Hals- und Beinbruch«, flüstert Mops.

»Wird schon schiefgehen«, grinst Johnny, um sich seine Nervosität nicht anmerken zu lassen, und läßt sich vorsichtig in die schmale Fensteröffnung gleiten.

Drinnen knipst er die Taschenlampe wieder an. Nach hier unten wird um diese Zeit wohl keiner kommen. Johnny sieht sich um. Links liegt auf einem Tisch ein großer Stapel Wäsche, daneben stehen Bügelbrett und -eisen, rechts befinden sich ein großer Schrank und ein Wäschekorb. Aha, eine Art Bügelkammer.

Er öffnet die Tür, tritt in den Flur und erschrickt. Denn sein Blick fällt auf die Kellertür, die im Schein der Taschenlampe deutlich sichtbar im unteren Teil eine Katzenklappe hat. Damit hat er nicht gerechnet! Wenn die Tür nun verschlossen ist, dann war alles umsonst.

Aber Johnny hat Glück: Die Kellertür ist wider Erwarten offen. Nun muß er über die Treppe zunächst ins Erdgeschoß, wo sich Küche, Wohn- und Eßzimmer befinden, und dann ins Obergeschoß steigen. Kais Zimmer liegt im linken Eckturm, also von hinten gesehen ganz rechts oben. Die letzte Tür zur Straßenseite hin, dahinter muß es sein. Hoffentlich knarrt die verdammte Holztreppe nicht!

Immerhin sind durch den weißen Lackanstrich die Stufen im Dunkeln auch ohne Licht zu erkennen. Mit klopfendem Herzen schleicht Johnny nach oben, die Taschenlampe in den Gummizug seiner Trainingshose geklemmt, und wendet sich nach rechts.

Hier oben ist es stockfinster. Fast wäre Johnny gegen einen alten, klobigen Bauernschrank gestoßen, der dort an der Längswand steht. Vor der letzten Tür macht er halt. Gleich kommt es drauf an! Ob Kai aufwacht, wenn er die Taschenlampe anknipst? Aber selbst wenn – er wird wohl kaum das ganze Haus zusammenschreien, wenn er mich sieht, denkt Johnny. Er beschließt, es zu riskieren, falls er so nicht genug sehen kann. Vorsichtig drückt er die Klinke nieder und schiebt sich in das Zimmer.

Auch hier drinnen ist es ziemlich dunkel, nur das Fenster bildet ein schwach erhelltes Rechteck. Linkerhand sind undeutlich die Umrisse des Kleiderschrankes zu erkennen. Kais Bett steht in einer Nische, ungefähr einen Meter vom Fenster, das weiß Johnny. Er holt tief Luft und drückt auf den Schalter der Taschenlampe: Das Bett ist leer! Die Bettdecke ist ordentlich zusammengelegt, das Kopfkissen unberührt!

Nachdem Johnny diese unerwartete Tatsache so halbwegs verdaut hat, leuchtet er systematisch das Zimmer ab: den wuchtigen Schreibtisch, den Platz daneben und dahinter, das Regal – dort steht Kais Flugzeug im obersten Fach –, unterm Bett, sogar im Kleiderschrank sieht Johnny nach. Von seinem Flugzeug keine Spur, und auch Kais Schultasche ist nirgendwo zu entdecken.

Johnny knipst die Lampe aus und macht sich auf den Rückweg, leise die Treppe wieder hinunter bis in die Bügelkammer, wo er sich über das niedrige Fensterbrett nach draußen schwingt.

»Na?« Erwartungsvoll sieht Mops ihm entgegen. Tina atmet erleichtert auf.

»Kai ist nicht da!« stößt Johnny hervor. »Das Bett ist unberührt, und mein Flugzeug und Kais Tasche sind auch nicht da!«

»Vielleicht«, meint Mops bedächtig, »vielleicht geht es Kai so schlecht, daß seine Eltern ihm in ihrem Schlafzimmer eine Liege aufgestellt haben und er da schläft.«

»Mitsamt meinem Flugzeug und der Schultasche, was?!« Johnny tippt sich vielsagend an die Stirn.

»Die Tasche und dein Flugzeug könnten ja im Flur oder in der Garderobe stehen oder so«, fährt Mops unbeirrt fort. Johnny kratzt sich am Kopf. Daran hat er gar nicht gedacht.

»Na schön. Dann geh' ich eben noch mal rein und such' das ganze Haus ab!«

»Spinnst du?!« Tina ist ganz entsetzt. Aber Johnny schleicht schon wieder zum Fenster der Bügelkammer. Entschlossen klettert er ein zweites Mal hinein.

Zuerst untersucht er im Schein der Taschenlampe den ganzen Keller. Hier unten kann ihn ja eigentlich keiner überraschen. Neben dem Bügelzimmer liegt die Waschküche, logisch! Rechts davon ist ein Abstellraum mit allerlei Gerümpel. Auf der anderen Flurseite befinden sich der Heizungs- und ein Flaschenkeller sowie eine Art Verschlag, der mit dicken Holzscheiten gefüllt ist, wohl der Vorrat fürs Kaminfeuer. Eine große Spinne läuft eilig über Johnnys linken Turnschuh und verschwindet hinter dem Holzstoß. Gut, daß Tina nicht hier drinnen ist, vor Spinnen ekelt sie sich nämlich schrecklich!

Im Erdgeschoß untersucht Johnny den ganzen Wohnbereich. Alles sehr gediegen, na, Kunststück, bei dem Vater! Er sucht auch den Flur und die Garderobe ab und danach, nur der Vollständigkeit halber, noch die Küche und das Gästeklo. Nichts! Keine Schultasche, kein Flugzeug.

Nun muß er wohl oder übel wieder nach oben, wo Kais Familie schläft. Wenn das bloß gutgeht! Johnnys Herz klopft bis zum Hals, und er muß ein paarmal schlucken. Aber selbst wenn man ihn erwischt, was kann ihm schon groß passieren? Schließlich sind es ja Timmermanns, die sein Flugzeug nicht rausrücken wollen!

Johnny steht jetzt neben dem großen Dielenschrank in der oberen Etage. Wo soll er nun anfangen? Er beschließt, sich zuerst das andere Turmzimmer vorzunehmen. Vielleicht ist es nur ein Arbeitsraum oder so. Lautlos drückt Johnny die Klinke nieder und öffnet behutsam die Tür. Er hat Glück: Der Vorhang vor dem Fenster ist nicht ganz zugezogen, und von der Straßenlaterne her fällt ein schmaler Lichtstrahl ins Zimmer.

Hinten in der Nische steht wieder ein Bett, und darin schläft jemand. Vorsichtig macht Johnny zwei Schritte in das Zimmer hinein, der Schläfer dreht sich im Schlaf um – Johnny stockt der Atem –, wacht aber nicht auf: Es ist Karsten, Kais großer Bruder.

Eigentlich sieht der ganz gesund aus, findet Johnny, soweit man das bei dieser Beleuchtung beurteilen kann. Karstens Zimmer ist längst nicht so aufgeräumt wie das von Kai. Überall liegen Bücher und Klamotten herum, doch das vermißte Flugzeug scheint auch hier nicht zu sein, immerhin hat es ja eine ganz beachtliche Größe. Kai ist jedenfalls nicht hier.

Leise schließt Johnny die Tür wieder hinter sich. Zwischen den beiden Turmzimmern liegt ein weiterer Raum nach vorn, zur Straße hin. Johnny überlegt. Wahrscheinlich schlafen Kais Eltern lieber nach hinten raus, wo es ganz ruhig ist. Und richtig: Das dritte Vorderzimmer entpuppt sich zu Johnnys Erleichterung als eine Art Studio mit einem riesigen Schreibtisch für den Hausherrn, gemütlicher Leseecke und Kaminofen. Auch hier ist Johnnys Suche erfolglos.

Nun bleiben nur noch zwei Türen auf der anderen Flurseite übrig, die wegen des Treppenhauses und des Dielenschrankes kürzer ist. Eine Tür wird ins Bad führen, die andere ins Elternschlafzimmer. Aber welche ist welche? Zu dumm, daß Johnny nie aufs Klo gemußt hatte, wenn er Kai mal besuchte! Dann wüßte er jetzt Bescheid.

So muß er sich auf sein Glück verlassen. Aufs Geratewohl öffnet Johnny zentimeterweise die rechte Tür, schiebt sich in den finsteren Raum und hält vorsichtshalber den Atem an. Dann geht er ganz langsam in die Hocke und befühlt den Fußboden: Fliesen! Gottlob, er ist im Badezimmer! Der Taschenlampenkegel enthüllt nichts Aufregendes, aber das hat Johnny auch nicht erwartet. Wer schläft schon gern in der Badewanne und stellt hier seine Schultasche ab? Auch Flugzeuge landen nicht im Badezimmer!

Nun muß Johnny zuletzt doch noch in die Höhle des Löwen. Hoffentlich haben Timmermanns einen tiefen Schlaf! Johnny preßt die Lippen aufeinander, öffnet die letzte Tür mit ziemlichem Herzklopfen nur einen Spalt weit und lauscht. Ja, da atmet jemand, gleichmäßig und ruhig, und ab und zu ist auch ein kleiner Schnarchton dabei. Obwohl Johnny angestrengt in das Dunkel vor ihm starrt, bis ihm fast die Augen aus dem Kopf fallen, kann er nicht erkennen, ob dort zwei oder drei Menschen schlafen. Das einzige, was ihm entgegenleuchtet, ist das Zifferblatt eines Nachttischweckers. Daß die aber auch so dicke Rollos vor den Fenstern haben müssen!

Es hilft alles nichts: Er muß ganz kurz die Taschenlampe anknipsen. Nervös fummelt Johnny am Reißverschluß der Hosentasche herum. Gute Mutter Böttcher! Steckt doch da tatsächlich ein sauberes Taschentuch. Sorgsam wickelt er es zweimal vorn um die Taschenlampe, macht sich zur schnellen Flucht bereit und drückt ganz kurz auf den Schalter. Jetzt!

Einen Moment später ist es wieder dunkel. Aber Johnny hat genug gesehen: Hier liegen nur zwei im großen Ehebett, Kais Eltern. Keine Extraliege oder so. Der Schnarcher dreht sich unruhig um, und Johnny entschließt sich eilig zum geräuschlosen Rückzug.

Bis zum Erdgeschoß geht alles glatt, doch da berührt plötzlich jemand seine Beine! Johnny bleibt vor Schreck fast das Herz stehen. Aber dann maunzt es leise. Bloß die Katze! Johnny stößt hörbar die Luft aus. Nur gut, daß Timmermanns keinen Hund haben! Er bückt sich und streichelt das Tier, das sich zutraulich an ihn schmiegt. In diesem Augenblick geht im Obergeschoß das Licht an.

Johnny hockt da wie erstarrt. Schafft er es noch bis ins Bügelzimmer? Da sind schon Schritte auf der Treppe! Fieberhaft sieht er sich nach einem geeigneten Versteck um, denn zur Flucht nach draußen ist es schon zu spät. Die Garderobe! Blitzschnell ist Johnny hinter einem Trenchcoat und einer Windjacke verschwunden.

Hoffentlich verrät mich die Katze nicht, ist sein einziger Gedanke. Aber die wendet ihre Aufmerksamkeit jetzt dem Herrn des Hauses zu, der in Schlafanzug und Hausschuhen die Treppe herunterkommt.

»Brave Muschi!« Das ist die Stimme von Herrn Timmermann, registriert Johnny. Nun wird es auch hier unten hell. Er steht stock-

steif da und hofft, daß der lange Trenchcoat ihn genügend verdeckt. Aber Herr Timmermann ist schon in die Küche geschlurft, Johnny hört ihn dort rumoren und dann die Kühlschranktür zuschlagen. Die Katze hat aufgehört zu maunzen, wahrscheinlich frißt sie jetzt aus ihrem Napf, den er vorhin in der Küche gesehen hat. »Klick«, aha, das war der Lichtschalter in der Küche, gleich kommt Kais Vater wieder über den Flur zurück.

Wenn ich jetzt niesen muß, ist alles aus, denkt Johnny. Sein Mund ist ganz trocken vor lauter Aufregung. Er wagt kaum zu atmen. Erneut hört er Schritte auf der Treppe, diesmal entfernen sie sich aber. Vorsichtig späht Johnny hinter dem Mantel hervor: Alles ist dunkel. Herr Timmermann ist wohl wieder ins Bett gegangen. Puh, das war knapp! Johnny macht, daß er zu seinen Freunden kommt.

Tina kann es kaum noch aushalten. Schnell schickt sie ein Stoßgebet zum Himmel.

»Gott sei Dank!« flüstert sie, als Johnny wieder bei ihnen auftaucht, und meint es ganz wörtlich. »Ich hatte richtig Angst um dich, besonders, als plötzlich das Licht anging!«

»Was war denn?« will Mops wissen. Seine Augen gucken besorgt hinter den Brillengläsern.

»Beinahe hätte mich der alte Timmermann geschnappt!« Johnny setzt sich aufatmend ins Gras und lehnt sich an den Zaun.

»Und sonst?«

»Absolute Fehlanzeige!« stößt Johnny hervor. »Kein Kai und auch sonst nichts. Da stimmt was nicht! Da ist irgendwas faul an der Geschichte!«

»Und wenn Kai ins Krankenhaus mußte?« gibt Mops zu bedenken.

»Mit Schultasche und Flugzeug, ja?!« spottet Johnny.

Mops schüttelt nachdenklich den Kopf. »Ne, aber wenn der Kai schon an dem Tag krank war, als du ihm das Flugzeug mitgegeben hast, und ihm ist schwindlig geworden auf dem Rad, und er hat das Flugzeug verloren ...«

»Mein Flugzeug?« Johnny ist empört. »Und die Schultasche hat er auch gleich verloren, was?«

»Die hast du vielleicht übersehen.«

»Also, wenn du glaubst, daß ich da noch ein drittes Mal reingehe«, Johnny ist wütend aufgesprungen, »dann bist du aber schief gewickelt!«

»Hört bitte auf, euch zu streiten!« mischt sich Tina ein. »Sei froh, Johnny, daß dich niemand bemerkt hat. Ich finde, wir sollten noch mal mit Kais Eltern reden.«

»Das bringt doch nichts!« Johnny hat die Nase voll davon, abgewimmelt zu werden. »Aber ich laß' mir noch was einfallen, das verspreche ich euch!«

Schweigend radeln die drei zum Brombeerweg zurück, jeder hängt seinen Gedanken nach. An der Ecke verabschiedet sich Tina. »Sei nicht traurig, Johnny. Ich bin sicher, du bekommst dein Flugzeug noch zurück.« Johnny zuckt resigniert die Schultern.

Vorm Haus Nr. 25 trennen sich stumm Johnny und Mops. Die Leuchtziffern auf Johnnys Armbanduhr zeigen Viertel vor zwei, als er zum letzten Mal in dieser Nacht in ein Zimmer schleicht: sein eigenes. Erschöpft läßt er sich in sein Bett sinken, aber einschlafen kann er noch lange nicht nach diesem nächtlichen Abenteuer.

Die Sache ist ernst

Johnny radelt allein zur Schule, es ist noch sehr früh. Kaum einer ist außer ihm unterwegs. Da saust plötzlich surrend etwas an seinem Kopf vorbei: ein Segelflugzeug, ein ferngesteuertes! Im Tiefflug kommt es zurück und verfehlt Johnny nur knapp.

»Himmel, die haben es auf mich abgesehen!«

Johnny springt vom Rad und wirft sich bäuchlings ins Gebüsch. Da ist das Flugzeug schon wieder! Er preßt sein Gesicht in die weiche Erde. Und jetzt kommt auch noch eine Straßenbahn, sie klingelt laut hinter ihm. Wieso eigentlich? In Hamburg gibt es doch gar keine Straßenbahnen mehr – und schon gar nicht auf dem Alsterwanderweg!

»Johnny, hörst du denn nicht? Der Wecker klingelt! Du mußt aufstehen!« Das ist die Stimme seiner Mutter.

»Johnny, so stell' doch den Wecker ab!«

Wecker? Wieso Wecker? Verschlafen tastet Johnny auf dem Nachttisch herum. Das Klingeln hört abrupt auf.

»Junge, was ist denn? Du kommst doch sonst nicht so schwer aus den Federn!«

Wenn du wüßtest, denkt Johnny, denn nun ist er hellwach und erinnert sich wieder genau an die letzte Nacht. Heute reicht es nur zur »Katzenwäsche«, und auch das Frühstück wird schnell hinuntergeschlungen.

»Hab' keine Zeit heute, muß mich wahnsinnig beeilen«, erklärt Johnny seiner Mutter mit vollem Mund. Denn er hofft, noch vor Schulbeginn mit Mops und Tina reden zu können über das, was ihm seit heute nacht im Kopf herumspukt.

Aber leider wird nichts daraus: Mops läßt auf sich warten, sehr sogar. Johnny pfeift, betätigt pausenlos die Fahrradklingel und läutet schließlich sogar Sturm an der Haustür. Aber oben geht nur ein Fenster auf, und Frau Siebeling ruft herunter: »Hallo, Johnny! Die halbe Lautstärke tut's auch, du weckst ja die ganze

Nachbarschaft! Markus kommt gleich.«

Es dauert allerdings noch eine ganze Weile, bis Mops tatsächlich erscheint.

»Tut mir leid, hab' verschlafen«, murmelt er entschuldigend. Johnny zieht eine Grimasse. Sie gabeln Tina an der Straßenunterführung auf, die blaß und übernächtigt aussieht, und müssen sich nun mächtig beeilen, um nicht zu spät zu kommen.

Im Unterricht ist die Klassenlehrerin, Frau Dr. Wulff, heute nicht sehr zufrieden mit ihren Schülern. Besonders drei von ihnen machen einen höchst unausgeschlafenen und unkonzentrierten Eindruck und müssen mehrmals ermahnt werden.

Endlich schnarrt die Schulglocke nach dem Ende der zweiten Stunde zur großen Pause. Johnny, Tina und Mops stürzen aus dem Pavillon, in dem die 6a untergebracht ist, auf den kleinen davorliegenden Pausenhof. Hier ziehen sie sich in die hinterste Ecke zurück, zur Lagebesprechung.

»Also, Leute, die Sache ist ernst«, beginnt Johnny. »Wo ist Kai? Ich hab' da einen Verdacht, aber wir müssen ganz auf Nummer Sicher gehen, da hat Mops recht. Deshalb schlage ich folgendes vor: Mops, du hast von uns die tiefste Stimme, du rufst heute nach der Schule in allen umliegenden Krankenhäusern an – Barmbek, Heidberg usw. – und fragst, auf welcher Station Kai Timmermann liegt. Kannst dich ja als sein Onkel ausgeben oder so.«

»Okay.« Mops macht sich über sein Käsebrot her.

»Und du, Tina«, fährt Johnny fort, »du gehst zu Dr. Stüver. Ich hab' mir gedacht: Wenn Kai wirklich krank ist, dann werden seine Eltern doch bestimmt erst mal ihren Hausarzt um Rat fragen, und das ist Dr. Stüver.«

»Aber heute ist doch Mittwoch. Hat der da nachmittags auf?« wirft Tina ein.

»Der hat Mittwoch nachmittags immer auf. Dafür hat er dann am Freitag nachmittag zu!« klärt Johnny Tina auf.

»Ja, und was soll ich da machen?« Tina sieht Johnny mißtrauisch an. »Eins sag' ich dir: Lügen tu ich nicht!«

»Das verlangt auch keiner. Du gehst einfach zur Sprechstundenhilfe und fragst, ob sie ein Rezept für Kai ausgestellt hat. Mal sehen, was sie antwortet. – Gegen sechzehn Uhr treffen wir uns dann bei mir.«

»Und was machst du in der Zwischenzeit?« fragt Mops kauend.

»Ich? Nachdenken, natürlich!«

Zehn Minuten vor vier klingelt Tina bei Böttchers, fünf Minuten später Mops. Johnny hockt sich auf sein Bett.

»Na, nun legt mal los!«

»Also, als ich zu Dr. Stüver kam«, beginnt Tina mit ihrem Bericht, »saß die Blonde am Empfang, die mit den roten Fingernägeln, ihr wißt schon. Und als ich sie nach einem Rezept für Kai Timmermann gefragt hab', da war sie ganz erstaunt: 'Wieso, ist Kai denn krank? Davon weiß' ich ja gar nichts!'«

»Natürlich nicht«, nickt Johnny. Eine steile Falte erscheint über seiner Nasenwurzel. »Und bei dir, Mops?«

»Das war eine ganz schöne Arbeit, Mensch! Und gedauert hat das, ehe die in der Verwaltung immer ihre ganzen Listen durchgeguckt hatten, Mann o Mann! Mein Vater wird sich über die Telefonrechnung freuen!«

»Und was ist dabei rausgekommen?«

»Nichts, absolut nichts. Keine Klinik hat einen Kai Timmermann aufgenommen.«

»Genau wie ich es mir gedacht habe!« Johnny springt vom Bett auf und geht mit großen Schritten im Zimmer umher. Tina und Mops sehen schweigend zu.

»Kai ist nicht krank und war es auch nicht!« Johnny bleibt abrupt stehen und sieht die beiden ernst an. »Denkt ihr, was ich denke?« fragt er. Mops nickt düster, und Tina spricht die schreckliche Wahrheit aus: »Der Kai, der ist entführt worden!«

»Genau!«

»Kai ist nicht der Typ dafür, von zu Hause wegzulaufen«, schließt Johnny diese Möglichkeit aus. »Er hatte auch gar keinen

Grund dazu, hat sich prima mit seinen Eltern verstanden und hat immer gute Noten.« – »Und ohne seine Katze wäre er sowieso nirgends hingegangen«, wirft Tina ein.

»Also bleibt nur die andere Möglichkeit ...« Johnny verstummt.

»So eine Sauerei!« schimpft Mops. »Bloß weil der alte Timmermann viel Geld hat!« Mops regt sich richtig auf, was bei ihm selten vorkommt. Meistens ist er die Ruhe selbst.

»Und was jetzt, Johnny?« Tina sieht den Freund fragend an. »Meinst du nicht, daß dies eine Sache ist, wo wir nur eines tun können, nämlich für Kai beten?«

»Und du glaubst, das nützt was?!« Johnny macht kein Hehl daraus, daß er nicht viel vom Beten hält. »Wenn Gebete helfen würden, gäbe es doch nicht so viel Schlimmes auf der Welt: Krankheiten, Verkehrsunfälle, tote Kinder ... Dann würde Gott die Leute doch wieder gesund machen. Und erzähl' mir nicht, daß die Menschen, die es trifft, alle so böse sind, daß sie nichts anderes verdient haben! Das stimmt nämlich nicht! Mein Vater hat keiner Fliege was getan, und er ist trotzdem viel zu früh gestorben!«

Johnny hat sich richtig in Rage geredet. »Und all die kleinen Kinder, die unheilbar krank sind – was haben die denn verbrochen, daß Gott sie so straft?«

Tina beißt sich auf die Lippen. Was soll sie darauf antworten? Sie versteht ja selbst nicht, warum Gott so viel Leid zuläßt. Sie weiß nur, daß Gott keine Fehler macht und letzten Endes alles gut werden wird.

»Wenn wir alles verstehen würden, Johnny«, sagt sie leise, »dann wären wir ja so klug wie Gott, und wir sind doch bloß Menschen.«

Johnny knurrt etwas Unverständliches. »Also schön, du kannst ja für Kai beten. Ich jedenfalls werde versuchen, ihn zu finden!«

»Und wie willst du das anstellen, Johnny?« erkundigt sich Mops zweifelnd und rückt seine Brille zurecht.

»Erst mal hole ich uns jetzt ein paar Fressalien!« beschließt Johnny. »Dann kann ich besser denken!«

Außer den Kindern ist niemand in der Wohnung. Johnnys Mutter ist mit dem Bus ins Alstereinkaufszentrum gefahren, um im Sonderangebot Stoff für neue Wohnzimmervorhänge zu kaufen. Das dauert sicher. Da können es sich die drei in Johnnys Zimmer ganz gemütlich machen, mit Kartoffelchips, Cola und Salzstangen, und einen Schlachtplan entwickeln.

»Also, gehen wir die ganze Geschichte einmal Punkt für Punkt durch.« Johnny hockt wieder im Schneidersitz auf seinem Bett, angelt sich ein paar Chips und fährt fort: »Heute haben wir Mittwoch. Vor zwölf Tagen, am Freitag, hab' ich Kai mein Flugzeug gegeben, damit er sich's am Wochenende mal genauer ansehen sollte. Kai, Schultasche und Flugzeug sind weg. Kombiniere: Er ist am Freitag mittag gar nicht mehr zu Hause angekommen.«

Tina nickt nachdenklich. »Wahrscheinlich hat seine Mutter einen Erpresserbrief gekriegt oder einen Anruf. Deshalb sah sie auch so verheult aus. Die arme Frau!«

»Ob die das Lösegeld schon bezahlt haben?!«

»Glaub' ich nicht, aber das bekommen wir raus. Schätze, wir müssen die Timmermanns rund um die Uhr beschatten.« Johnny kaut auf seinem Notizstift wie auf einer Salzstange herum. »Aber zuerst sollten wir noch mal Kais Schulweg abfahren. Vielleicht finden wir irgendwas, einen Anhaltspunkt.«

»Meinst du nicht, das haben Kais Eltern selbst schon getan – oder sogar die Polizei?« Mops ist – wie immer – skeptisch.

»Kann schon sein«, gibt Johnny zu. »Obwohl ich das Gefühl habe, daß Timmermanns vor lauter Angst die Polizei gar nicht eingeschaltet haben. Und manchmal sehen Kinder mehr als Erwachsene. Los, kommt!«

»Müssen wir hier nicht erst ein bißchen aufräumen?« Tina weist auf die leeren Colaflaschen, die teilweise umgekippt sind, und auf die am Boden verstreuten Chips. Und Johnnys Bett ist völlig zerwühlt und voller Salzstangenkrümel.

»Ach was!« winkt Johnny ab. »Das mach' ich nachher, das geht doch ganz schnell. Jetzt haben wir Wichtigeres zu tun!«

Chips

Bravo, Frau Seidel!

Als Frau Böttcher vom Einkauf zurückkehrt, findet sie in Johnnys Zimmer einen ziemlichen Saustall vor. Von Johnny allerdings keine Spur, der geht ja selbst Spuren nach.

Und tatsächlich: Die drei vom Brombeerweg sind erfolgreiche Fährtensucher! Sie finden etwas, das für Kais Eltern keine Bedeutung haben kann, aber für Johnny.

Der »Grüne Winkel« ist eine der wenigen Stellen, wo Autos zum Alsterwanderweg hinunterfahren können. Und dort, am Rande eines kleinen, unauffälligen Parkplatzes kurz vor den Ententeichen, auf denen die Kinder im Winter immer Schlittschuh laufen, liegt es im Gebüsch: ein etwa handgroßes abgebrochenes Stück Balsaholz, beiderseits mit blauen und roten Streifen bemalt – der obere Teil des Seitenleitwerks von Johnnys Modellflugzeug!

»Seht ihr!« triumphiert Johnny und dreht das Stück Holz fast liebevoll hin und her. »Hab' ich's nicht gesagt!«

Seltsamerweise ist er nicht einmal traurig darüber, daß sein schönes Modell offensichtlich kaputt ist. Hier geht es plötzlich nur noch darum, die Entführung aufzuklären und, wenn möglich, Kai zu befreien. Und dies ist das erste Beweisstück.

»Hier müssen sie auf Kai gewartet haben«, meint Mops und scharrt mit der Fußspitze in der Erde. »Um zwanzig vor eins haben wir freitags Schulschluß, ungefähr um zehn vor eins wird Kai hier vorbeigeradelt sein.«

Tina sieht sich um. Ein Stück vom Parkplatz entfernt – wobei Parkplatz eigentlich zu viel gesagt ist, hier passen höchstens vier Autos nebeneinander – steht ein einzelnes Mietshaus zwischen den Bäumen. Ein Gelbklinkerbau mit Flachdach. Man kann von dort zwar nicht direkt auf den Parkplatz schauen, aber immerhin auf den abschüssigen Kopfsteinweg, der dort hinunterführt.

»Ob jemand vielleicht was gesehen hat?«

Johnny schüttelt energisch den Kopf. »Die werden schon nicht so blöd gewesen sein, auf Zuschauer zu warten! Wer weiß, wie oft die schon hier waren, bis sie zugegriffen haben. Da war bestimmt keine Menschenseele in der Nähe. Ja, morgens und abends, da laufen hier die Jogger rum und die Leute mit ihren Hunden, aber mittags sind doch alle in der Küche, beim Kochen oder Essen.«

»Aber das Haus da drüben!« beharrt Tina. »Vielleicht ist doch jemandem was aufgefallen! Lacht mich ruhig aus, aber daß wir ein Teil von Johnnys Flugzeug gefunden haben, ist für mich ein Zeichen Gottes. Es kann doch gut sein, daß er uns noch mehr Fingerzeige gibt!«

»Nachfragen müssen wir jedenfalls.« Mops stiefelt schon den steilen Weg hinauf, denn der Eingang zum Mietshaus liegt oben an der Wellingsbütteler Landstraße. »Vier Parteien«, stellt er fest.

»Kommt, wir gehen rein und erkundigen uns, ob jemand am Freitag vor zwölf Tagen etwas Verdächtiges gesehen hat!« Tina ist schon an der Eingangstür.

Johnny tippt sich an die Stirn. »Spinnst du? Die halten uns doch glatt für verrückt! So direkt können wir das nicht machen. Ich weiß, daß du immer für die Wahrheit bist, Tina, aber manchmal bringen einen kleine Umwege eher zum Ziel.«

Jetzt mischt sich Mops ein. »Wir könnten doch so tun, als ob wir eine Umfrage machen für die Schülerzeitung«, schlägt er vor. »Thema 'Umweltschutz': wie viele Autos hier runterfahren in die 'unberührte Natur', ob das oft vorkommt, daß Fahrzeuge hier unten stehen und so weiter. Und wenn du willst, Tina, kannst du das ja wirklich an die Schülerzeitung weitergeben. Die sind doch immer unheimlich dankbar für jeden noch so kleinen Beitrag.«

Tina nickt zögernd. »Ja, so könnten wir's machen.«

»Klar!« Johnny ist nicht zu bremsen. »Los, wir fangen an!«

Rösner, *Soltau*, *Seidel* und *Petersen* steht auf den Namensschildern. Bei *Rösner* haben sie kein Glück, da öffnet niemand.

»Die sind verreist, schon seit drei Wochen«, erfahren sie von der Nachbarin, Frau Soltau.

»Scheidet aus«, murmelt Johnny und macht einen Strich auf seinem Notizblock, den er vorsichtshalber mitgenommen hat. Frau Soltau kann nicht viel sagen über die Benutzung des kleinen Parkplatzes am »Grünen Winkel«. »Meistens steht da keiner«, meint sie. Nur im Winter, wenn die Teiche zugefroren seien, würden öfter Mütter mit ihren Kindern ihre Autos dort parken. Aber jetzt ist Juni.

Die drei bedanken sich höflich und steigen eine Treppe höher. Bei *Petersen* klingeln sie ebenfalls vergeblich, doch nicht bei *Seidel. Erna Seidel* steht dort in altmodischer Schnörkelschrift auf einem blankgeputzten Messingschild. Es dauert zwar eine ganze Weile, bis Frau Seidel auf das Läuten hin zur Tür geschlurft ist, aber das Warten lohnt sich, und wie! Denn Erna Seidel liefert das Beweisstück Nummer zwei.

Zunächst dürfen die drei hereinkommen, ja, Frau Seidel ist sogar froh über den unerwarteten Besuch. Erna Seidel, grauhaarig, mit vielen kleinen Fältchen im Gesicht und wohlbeleibt, wohnt schon seit fast zwanzig Jahren hier am »Grünen Winkel«. Sie ist damals als Witwe hierhergezogen, weil die frühere Wohnung zu groß geworden war und zu leer ohne ihren Mann Karl, mit dem sie einunddreißig Jahre verheiratet war. Ihr einziger Sohn Karl-Heinz ist im vorletzten Herbst bei einem Autounfall ums Leben gekommen, und andere Verwandte in Hamburg hat sie nicht.

»Wißt ihr, wo ich nun alt bin und nicht mehr gut laufen kann, da freue ich mich, wenn mal jemand zu mir kommt«, sagt Frau Seidel gerade, während die Kinder auf dem alten, durchgesessenen Plüschsofa in der »guten Stube« Platz nehmen.

»Ich bin ja nun schon über siebzig und geh' kaum noch aus dem Haus, meine Beine, ihr seht ja selbst, und dann die Treppe! Was ich so zum Leben brauche, das bringt mir die Frau Soltau mit. Aber sonst seh' ich manchmal wochenlang keine Menschenseele. Der Herr Petersen von nebenan ist alleinstehend und berufstätig, der geht morgens früh aus dem Haus und kommt abends wieder ...« Erneut macht Johnny innerlich seufzend einen Strich

auf seinem Zettel, nicht ahnend, daß die wichtigste Zeugin direkt neben ihm sitzt. »Man hat so gar keine Abwechslung«, beendet Frau Seidel vorerst ihren Redestrom.

»Und was machen Sie so den ganzen Tag?« fragt Tina mitfühlend.

»Ja, vor ein paar Jahren, da hab' ich noch gestrickt, aber das ist mir jetzt zu fummelig. Meistens lege ich die Beine hoch und höre Radio oder guck', ob mal jemand den Weg runtergeht, um die Enten zu füttern. Und abends sehe ich dann fern. Wenn ich auch nicht mehr gut laufen kann, die Augen tun's noch!« bemerkt Frau Seidel stolz.

»Äh«, Mops räuspert sich und kommt auf ihr eigentliches Anliegen zu sprechen, den Artikel für die Schülerzeitung. Er braucht gar nicht groß auszuholen, da legt Erna Seidel auch schon wieder los: »Leider hab' ich ja in meiner Wohnung kein Fenster zur Wellingsbütteler Landstraße, da ist ja immer Betrieb, aber dafür habe ich es so ruhiger. Nein, also den Weg hier, da fahren höchstens ein, zwei Autos am Tag runter. Das stört ja auch nicht weiter. Bloß neulich, da war's mal richtig laut. Das war so ein komisches Auto, fast so'n kleiner Lieferwagen, der fuhr hier mit ziemlichem Getöse rauf, aber sonst gibt es ...«

»Wissen Sie noch, wann das war?« unterbricht Johnny ganz aufgeregt, und drei Augenpaare hängen an Frau Seidels Lippen.

»Ja, wartet mal, das war um die Mittagszeit. Ich war gerade dabei, das Küchenfenster zu schließen. Ich hatte mir Fisch gebraten, und das riecht dann so, da muß man immer gut lüften. Schon meine Mutter sagte immer ...«

»Und welcher Tag, wissen Sie das noch?« fällt jetzt Mops Frau Seidel ins Wort.

»Sicher!« Die alte Frau scheint sich gar nicht zu wundern, daß die Befragung so eingehend und dringlich ist, sie gibt bereitwillig Auskunft: »Freitag war's, da gibt es nämlich immer Fisch bei mir.«

»Diesen Freitag?« Die drei vom Brombeerweg halten alle den Atem an.

»Nein, diesen nicht, da mußte ich so lange beim Arzt warten, Frau Soltau hat mich hingefahren. Da war ich ja erst nach zwei wieder zu Hause. Den Freitag davor muß das gewesen sein, gegen ein Uhr.«

»Yippeh!« schreit Johnny, und Tina und Mops atmen hörbar auf.

»Wissen Sie, Frau Seidel ...«, beginnt Tina, die es an der Zeit hält, der alten Dame den wahren Grund für ihre Fragen zu nennen. Doch Johnny unterbricht sie schnell: »Wir machen nämlich auch eine Liste über Autotypen, die hier den Parkplatz benutzen, ob er groß genug ist. Könnten Sie uns den Lieferwagen beschreiben?«

Tina wirft Johnny einen mißbilligenden Blick zu. Doch Frau Seidel antwortet bereits: »Also, ein Lieferwagen direkt war es nicht, ja, wie nennt man das bloß? So ein Auto, vorne schräg und hinten ganz eckig wie ein Kasten. Ja, ein Kastenwagen heißt das, glaube ich. Dunkelblau war er, mit einer ziemlichen Beule in der Beifahrertür. Aber was für eine Automarke – tut mir leid, Kinder, da kennt sich eine alte Frau wie ich nicht aus. – Wollt ihr vielleicht einen Saft oder ein paar Kekse?«

Doch Johnny, Tina und Mops sind viel zu aufgeregt, um etwas essen oder trinken zu können. Daß vorn zwei Männer drin saßen, erfahren sie noch, aber beschreiben, nein, das kann Frau Seidel sie leider nicht: »Es ging ja so schnell – so schnell darf der hier gar nicht fahren –, ich hab' bloß noch die Beule gesehen.«

Aber auch so sind die drei Detektive sehr zufrieden mit sich und der alten Frau Seidel. Ein dunkelblauer Kastenwagen mit Beule in der Beifahrertür, der am fraglichen Tag zur fraglichen Zeit mit Karacho hier hochgesaust ist – das kann doch kein Zufall sein!

Da hat Mops noch eine Idee. Höflich fragt er, ob sie morgen wiederkommen dürfen. »Natürlich, Kinder, ich freu' mich ja!« entgegnet sie. Und ob Frau Seidel so nett wäre, sich dann ein paar Autoprospekte anzusehen.

»Ja, wenn ich euch damit helfen kann.«

»Und wie, Frau Seidel, und wie!«

Detektive haben's schwer

Am Donnerstag nachmittag werden die Hausaufgaben ausgesprochen schnell erledigt. Schließlich dauert es ziemlich lange, die verschiedenen Autohäuser, die in erreichbarer Nähe liegen, abzufahren und die Prospekte zu Frau Seidel zu schleppen.

Immerhin: Die Aktion ist von Erfolg gekrönt!

Erna Seidel identifiziert das vermeintliche Tatfahrzeug als Ford Transit Kastenwagen FT 100. Kein Fiat Ducato mit so einem hohen Aufsatz, kein VW-Modell, nein, so einer war's. Da ist sie sich ganz sicher: »Genauso hat er von der Seite ausgesehen!«

Um die alte Frau nicht zu kränken, besteht Tina darauf, diesmal aber doch zu Saft und Keksen zu bleiben. Sie hören sich lange Geschichten aus Frau Seidels Jugendzeit an, obwohl Mops und Johnny vor Ungeduld kaum stillsitzen können.

Endlich hat Johnny den rettenden Einfall, daß er dringend noch Mathe üben müsse – was leider durchaus stimmt! Die drei verabschieden sich von Frau Seidel mit dem Versprechen, sie bald wieder zu besuchen.

Die Kinder radeln zum Abenteuerspielplatz an der Alsterwiese, klettern aufs Fort und halten Kriegsrat.

»Ich hab' mir alles genau überlegt«, meint Johnny. »Mit dem Tatfahrzeug kommen wir erst mal nicht weiter, das finden wir nicht in einer Großstadt wie Hamburg. Das wäre gerade so, als wenn wir eine Stecknadel im Heuhaufen suchten. Ich glaube auch nicht, daß es viel Sinn hat, alle Reparaturwerkstätten wegen der Beule anzurufen. Wer weiß, ob die Kerle die überhaupt reparieren lassen. Wir müssen uns an die Familie halten, von wegen Lösegeld und so. Dazu müssen wir sie beschatten, und zwar von morgens früh bis spät in die Nacht!«

»Und was ist mit der Schule?« fragt Tina, obwohl sie ahnt, was jetzt kommt.

»Ach, die schwänzen wir«, antwortet Johnny dann auch prompt.

Tina schluckt. Sie haßt es, immer als Musterschülerin und Moralapostel dazustehen. Andererseits hat sie das Gefühl, daß es in Gottes Augen nicht richtig ist, die Schule zu schwänzen. Da müßte es doch einen anderen Weg geben!

»Wenn du das mit deinem Glauben nicht auf die Reihe kriegst«, setzt Johnny unerwartet hinzu, »dann übernimmst du eben die erste Schicht von halb sieben bis Viertel vor acht. Deiner Mutter sagst du einfach, du gehst zur Fördergruppe in der Frühstunde. So eine kleine Notlüge ist doch wohl erlaubt, oder?«

»Ich sage ihr, daß ich vor der Schule noch etwas Wichtiges erledigen muß. Das ist dann schon in Ordnung«, erklärt Tina erleichtert.

»Du, Mops, löst Tina ab«, fährt Johnny fort. »Ich seh' da keine Schwierigkeiten: Morgen in der ersten Stunde haben wir wieder Meyer Zwo, der hat eh' keinen Durchblick, der merkt gar nicht, wenn du fehlst. Und in der zweiten Stunde ist Turnen beim ollen Degenhardt, der zählt nie durch, ob alle da sind. Kritisch wird's erst nach der Pause in der dritten – da haben wir die Wulff –, aber ich fall' in der Turnstunde einfach lässig vom Reck oder so und laß' mich vom Degenhardt nach Hause schicken. In Wirklichkeit komme ich natürlich hierher und löse dich ab, so gegen halb zehn. Du hast dann Zeit genug, in der großen Pause zur Schule zu fahren. Und bei der Wulff sitzt du dann auf deinem Platz, ganz wie sich's gehört! – Tina kann dann gleich nach der Schule wieder herkommen. Nimm dir ein paar Brote mehr mit«, wendet sich Johnny an die Freundin. »Nachmittags regeln wir das schon irgendwie«, fährt Johnny fort. »Im Rausschleichen nachts haben wir auch schon genügend Übung. Zum Glück kommt dann das Wochenende, da ist es einfacher für uns.«

Leider hat Mops einen Einwand, einen berechtigten: »Und was sollen wir machen, wenn einer von Timmermanns mit dem Auto wegfährt? Mit dem Fahrrad können wir doch nicht hinterher!«

Das stimmt. Wie sollen sie also feststellen, ob zum Beispiel Herr Timmermann nur ins Geschäft fährt oder aber das Lösegeld

überbringt? Selbst dem ideenreichen Johnny fällt dazu im Moment nichts ein.

Plötzlich springt Tina auf. »Ich hab's! In der Wohnung neben uns wohnt Sebastian Rüter, der ist Student und verdient sich nebenher mit Taxifahren Geld. Den könnten wir doch fragen, ob er uns hilft! Mutti wäscht ihm immer seine Sachen, ganz umsonst, dafür paßt er höchstens mal auf Flori auf. Und manchmal kriegt er auch was ab, wenn Mutti gebacken hat. Der macht das bestimmt!«

Mops nickt zustimmend, meint aber: »Du brauchst ihm ja nicht gleich alles zu erzählen, vielleicht glaubt er uns nicht. Erwachsene sind da manchmal komisch.«

»Wir sagen einfach, das wäre ganz wichtig für uns, wir müßten unbedingt was rauskriegen. Das ist ja nicht gelogen!« erklärt Johnny. »Und bei Fahrten zahlen wir ihm auch den üblichen Preis.«

Dies ist ein geradezu heldenhafter Entschluß, denn vermutlich bleibt von Johnnys Taschengeld dann nicht mehr viel übrig. Aber mitunter muß man eben Opfer bringen, auch wenn's weh tut.

Sebastian Rüter ist zwar nicht gerade begeistert, einen ganzen Freitag und womöglich auch noch das Wochenende Chauffeur für ein paar Halbwüchsige spielen zu müssen, die vermutlich irgendeine Privatfehde mit einem Klassenkameraden haben. Aber da er freitags keine Vorlesungen hat und Frau Schmitt immer so nett ist, kann er Tinas Bitte schlecht abschlagen.

Am Freitag steht Tina anderthalb Stunden früher auf als sonst. Wie immer liest sie vor dem Frühstück in ihrem Andachtsbuch. Heute ist unter der Überschrift »Gott kümmert sich auch um die kleinen Dinge« die Bibelstelle Jesaja Kapitel 26, Vers 4 angegeben: »Setzt für immer das Vertrauen auf den Herrn, der unser Gott ist, unser Fels für alle Zeiten!«

Von diesem Bibelwort und den Ausführungen dazu ermutigt betet Tina: »Lieber Vater im Himmel! Ich vertraue darauf, daß du Kai beistehst, wo immer er auch ist, und daß du uns zeigst, wie wir helfen können. Amen.«

Kurz nach halb sieben verabschiedet sie sich von ihrer Mutter: »Tschüß, Mutti, Herr Rüter nimmt mich mit!«

Punkt zwanzig vor sieben parkt eine Taxe vor dem Haus Wellingsbütteler Landstraße 230b, schräg gegenüber der Timmermannschen Villa. Sebastian holt aus einer Aktentasche zwei Brötchen und eine Thermoskanne mit Kaffee, denn zum Frühstücken ist er nicht mehr gekommen. »Wenn man auch zu so nachtschlafender Zeit aufstehen muß!« Er wirft Tina einen vorwurfsvollen Blick zu. Die starrt angespannt hinüber zum Hauseingang. Aber dort tut sich vorerst nichts.

Erst über eine Stunde später, um zehn vor acht – Sebastian Rüter hat bereits zwei Kapitel seines mitgebrachten Fachbuches studiert, und Tina ist schon ganz kribbelig vor lauter Ungeduld – öffnet sich drüben die Tür. Herr Timmermann und Karsten treten heraus, Karsten mit Schultasche unter dem Arm, sein Vater mit schwarzem Aktenkoffer. Aber Kais Bruder nimmt nicht wie sonst sein Rad, er geht mit nach hinten zur Garage, und beide steigen in den Timmermannschen Wagen, einen weinroten Mercedes mit dem Kennzeichen HH – RT 1017.

Tina stößt Sebastian mit dem Ellenbogen an. »Da sind sie! Gleich fahren sie los!«

Sebastian Rüter wirft einen kurzen Blick auf das Auto, das nach rechts blinkend auf der Auffahrt steht und eine Lücke im Verkehr abwartet. Offensichtlich wollen sie stadteinwärts, in die gleiche Richtung, in der auch Tinas Schule liegt. Keiner der beiden bemerkt, daß sich hinter ihnen eine Taxe in den Verkehr einfädelt, gerade als ein schlanker, dunkelhaariger Junge mit Brille als Ablösung angeradelt kommt. Tina winkt Mops kurz zu und wendet sich an Sebastian. »An der Schule steige ich aus, dann müssen Sie allein weiter.«

Mops' Geduld wird auf eine harte Probe gestellt! Drüben bei Timmermanns zeigt sich niemand, kein Fenster wird geöffnet, es tut sich rein gar nichts. Erst kurz nach neun – gerade ist ein Briefträger vorbeigeradelt – öffnet sich die Tür, und Kais Mutter geht ohne nach rechts oder links zu sehen schnellen Schrittes auf den Briefkasten zu. Sie öffnet ihn hastig und kehrt sichtlich enttäuscht wieder ins Haus zurück.

Kurz vor halb zehn – Mops hält schon Ausschau nach Johnny – fährt dann wieder der weinrote Mercedes vor. Herr Timmermann steigt mit dem Aktenkoffer aus und verschwindet eilig im Haus.

Kaum hat Mops die Uhrzeit und seine Beobachtung notiert, hält ein Stück neben ihm eine wohlbekannte Taxe. Zum Glück findet man um diese Zeit fast immer einen Parkplatz an der Wellingsbütteler Landstraße. Abends, wenn alle von der Arbeit zurück sind, wäre das ein ziemliches Problem.

Ohne die Timmermannsche Villa aus den Augen zu lassen, läßt sich Mops auf den Beifahrersitz fallen und fragt sofort: »Wo sind sie hingefahren?«

Sebastian Rüter schmunzelt ein wenig über den Eifer des Jungen. Na, es sind eben Kinder, er hat früher auch gern »Räuber und Gendarm« gespielt.

»Also!« Er kramt seinen Zettel hervor und liest wie von einem Polizeiprotokoll ab: »Um fünf vor acht hat der Fahrer des Wagens den jungen Mann am Eingang der Schule aus dem Wagen gelassen – Tina ist übrigens auch da ausgestiegen – und ist dann Richtung Barmbek weitergefahren. Ich bin ihm gefolgt bis zum Möbelhaus Timmermann an der Fuhlsbütteler Straße. Dort wurde der Pkw auf dem Parkplatz abgestellt. Der Fahrer verschwand im Möbelhaus. Punkt neun kam er mit seinem Aktenkoffer wieder heraus und ging in die Bank, die dem Möbelhaus direkt gegenüberliegt. Um neun Uhr zehn verließ er die Bank, stieg in seinen Wagen und fuhr hierher zurück. Ich auch«, schließt Sebastian seinen Bericht. Mops nickt nachdenklich. Doch bevor er etwas sagen kann, klopft es an die Seitenscheibe. Es ist Johnny, den linken Arm dekorativ in einer Schlinge.

»Bin leider vom Stufenbarren gefallen«, verkündet er. »Ist aber nicht so schlimm!« Dabei zwinkert er Mops zu. Dann läßt er sich die Notizen geben, überfliegt sie, nickt wie vorher Mops und nimmt dessen Platz ein, während der sich auf sein Rad schwingt und auf den Weg zur Schule macht.

Johnny hat nicht viel zu tun in den nächsten drei Stunden, und Sebastian ist völlig arbeitslos: Der Timmermannsche Wagen bleibt, wo er ist, nämlich vor dem Haus. Offenbar fährt Kais Vater heute nicht mehr ins Geschäft.

Als einzige wichtige Beobachtung kann Johnny notieren, daß Kais Mutter um zehn Uhr und dann noch einmal um zehn Uhr dreißig, als der Briefträger endlich die Post verteilt hat, zum Briefkasten an der Eingangspforte eilt. Das erste Mal öffnet sie ihn vergeblich. Das zweite Mal nimmt sie einen länglichen Umschlag heraus, starrt darauf und geht schnell ins Haus zurück.

Johnny pfeift durch die Zähne. Danach kann er sich in aller Seelenruhe über sein Pausenbrot hermachen, denn bei Timmermanns rührt sich nichts mehr. Absolute Sendepause.

So einen ungestörten Vormittag wie heute hat Sebastian Rüter selten zum Lernen. Er ist gerade dabei, in Kapitel acht seines Buches die Kernsätze zu unterstreichen, als die Beifahrertür hinter ihm aufgerissen wird: Mops und Tina lassen sich atemlos auf die Rücksitze fallen.

»Mensch, ihr könnt einen armen alten Mann aber erschrecken!«

Der »arme alte Mann« von ungefähr vierundzwanzig Jahren klappt sein Buch zu. »Und was jetzt?«

»Jetzt, Herr Rüter«, sagt Tina gelassen, »benötigen wir Ihre Hilfe nicht mehr, vielen Dank!«

Johnny fällt die Kinnlade herunter. »Aber wieso denn? Gerade jetzt ...«

»Gerade jetzt«, fällt ihm Tina ins Wort, »kommt Karsten aus der Schule!« Sie weist nach drüben. Stimmt, eben schließt Kais Bruder die Gartenpforte hinter sich.

»Karsten – geht – nämlich – wieder – zur – Schule!« sagt sie, jedes Wort betonend.

»Weiß ich doch«, reagiert Johnny unwirsch, »aber –«

»Begreifst du denn nicht?« Tina sieht Johnny vielsagend an.

»Könnten die Herrschaften sich vielleicht mal einigen, ob ich noch gebraucht werde oder nicht?« Sebastian klopft ungeduldig auf das Lenkrad.

»Wir steigen jetzt aus. Sie können gern nach Hause fahren!« sagt Tina entschieden. »Ich übernehme die Verantwortung!« fügt sie mit einem Seitenblick auf Johnny hinzu. Dann beugt sie sich noch einmal durchs Seitenfenster: »Aber wir wären Ihnen unheimlich dankbar, wenn Sie uns am Sonntag nachmittag noch mal zur Verfügung stehen würden!«

»Oh nein, bloß das nicht, nicht an meinem freien Sonntag!« stöhnt Sebastian und dreht die Augen zum Himmel. Dann gibt er Gas und überläßt die drei ihrem Schicksal.

Ein wichtiger Brief

»Sag' mal, spinnst du?« fährt Johnny Tina an. Die lacht.

»Ne, überhaupt nicht! Als ich gesehen habe, daß der Karsten heute morgen wieder zur Schule ist, da hab' ich mir gedacht: Ich versuch' mal, mit ihm zu reden. In der zweiten großen Pause stand er ganz allein hinten bei der Turnhalle, und da bin ich mit Mops zu ihm hin.«

»Und?« Johnny ist jetzt gespannt wie ein Flitzbogen.

»Tja«, ergreift nun Mops das Wort, »da haben wir erst mal vorsichtig auf den Busch geklopft. Erst wollte er nicht mit der Sprache rausrücken, aber dann hab' ich so ein paar Vermutungen geäußert, von dem Flugzeug erzählt und von dem abgebrochenen Seitenleitwerk. Natürlich auch von dem Auto, das Frau Seidel gesehen hat, und unseren Schlußfolgerungen. Da war der vielleicht platt! Danach war es ganz einfach, da hat er es zugegeben: Kai ist wirklich entführt worden! War ziemlich fertig, der Knabe, hätte fast geheult, glaub' ich. Er glaubt zwar nicht, daß wir groß helfen können, aber immerhin wären wir als Beobachter bei der Lösegeldübergabe unverdächtig, hat er gemeint. Deshalb war er zum Schluß damit einverstanden, uns nähere Einzelheiten mitzuteilen. Die Polizei ist nämlich nicht eingeschaltet worden, weil die Entführer das so verlangt haben. Vielleicht kriegen wir ja irgendwie mit, wer das Geld abholt. Dann ist die Chance größer, daß man die Kerle hinterher doch noch schnappt, meint Karsten.

Passiert ist es am Freitag mittag, genau wie wir uns das gedacht haben. Wie es dann weiterging, erfahren wir noch von Karsten. Wir treffen uns morgen vormittag auf der Wiese am Alsterspielplatz. Karsten ruft bei mir an und läßt es dreimal läuten, wenn er zu Hause weg kann. Seine Eltern dürfen nicht wissen, daß wir eingeweiht sind. Er will dann auch den Brief der Entführer mitbringen, wenn es geht, wo die Anweisungen für die Übergabe des Lösegeldes drinstehen. Der sollte heute mit der Post kommen.

Sobald ich weiß, daß Karsten unterwegs ist, melde ich mich bei euch. Haltet euch also in der Nähe des Telefons auf. Die Lösegeldübergabe ist übrigens diesen Sonntag, das haben die Entführer in ihrem letzten Anruf gesagt.«

Das war aber eine lange Rede für den sonst eher schweigsamen Mops!

Johnny staunt richtig über Mops und über die Entwicklung der Dinge.

»Verstehst du, Johnny: Weil wir jetzt alle Informationen aus erster Hand kriegen, konnte ich Sebastian doch ruhig wegschicken!« wendet sich Tina an den Freund. Dann kann sie es sich nicht verkneifen, noch etwas hinzuzusetzen: »Und das Schuleschwänzen war gar nicht nötig: Auf geraden Wegen kommt man viel besser zum Ziel!«

Am Samstag morgen gegen zehn läutet bei Siebelings das Telefon dreimal. Als Frau Siebeling den Hörer abnimmt, ist keiner mehr dran. »Merkwürdig«, wundert sich Mops' Mutter. Mops wundert sich gar nicht. Kaum ist seine Mutter wieder in der Küche verschwunden, ruft er bei Tina und Johnny an: »Macht euch auf die Socken, Leute, jetzt wird es interessant!«

Um Viertel nach zehn sitzen vier Kinder am Alsterufer hinter einem großen Gebüsch – drei Zwölfjährige und ein älterer, ziemlich blasser Junge – und haben Wichtiges miteinander zu besprechen.

»Also, am Freitag mittag«, sagt Karsten gerade, »als Kai nicht nach Hause kam, da hat sich meine Mutter gar keine Sorgen gemacht. Kai fährt ja manchmal noch zu Freunden und ruft erst später an. Aber wer dann anrief, das war dieser gemeine Kerl!«

Karsten ballt die Fäuste. »So um zwei rum. Meine Mutter war am Apparat und ist fast umgekippt vor Schreck. Schneeweiß war sie im Gesicht. 'Ist was mit Paps?' hab' ich gefragt, denn der war gerade am Vormittag nach England geflogen, auf Geschäftsreise. Meine Mutter hat den Kopf geschüttelt und geantwortet: 'Nein, aber mit Kai!' Und dann ist sie in Tränen ausgebrochen. Erst allmählich hab' ich aus ihr rausgekriegt, was passiert war und was der Kerl am Telefon gesagt hatte. Fünfhunderttausend Mark sollte mein Vater bezahlen!«

Johnny stößt einen Pfiff aus: fünfhunderttausend Mark, allerhand!

»Sie wollten warten, bis mein Vater wieder da ist«, fährt Karsten fort. »Aber wehe, wenn das ein Trick sei! Und wenn wir die Polizei einschalten, dann ... dann ...« Karstens Stimme wird immer leiser, »... dann bringen sie Kai um!«

Der große Junge vergräbt den Kopf in den Armen, und weder Mops noch Johnny wagen, etwas zu sagen oder zu tun. Nur Tina legt ihm die Hand auf den Arm. »Karsten«, sagt sie behutsam, »ich bete für deinen Bruder. Gott wird –«

»Tu uns einen Gefallen, Tina«, unterbricht Johnny sie gereizt, »fang' jetzt bloß nicht an, hier große Reden über deinen Glauben zu schwingen! Wir haben weiß Gott Wichtigeres zu besprechen.«

Tina muß lächeln. Johnny hat gerade »weiß Gott« gesagt. Da hat er ausnahmsweise einmal recht: Gott weiß um alle Dinge!

Karsten hat sich inzwischen gefaßt. Er schluckt noch ein paarmal, bevor er weiterspricht: »Meinen Vater konnten wir erst nicht erreichen, weil er auf dem Land unterwegs war, um alte englische Möbel aufzutreiben. Er plant nämlich eine neue Abteilung mit echten englischen Antiquitäten. Am Sonntag abend hat er dann bei uns angerufen. Natürlich ist er mit der nächsten Maschine zurückgeflogen, als er gehört hat, was passiert war.«

»Und was hat er unternommen?« will Mops wissen.

»Am liebsten hätte er die Polizei alarmiert«, erklärt Karsten. »Aber meine Mutter hat schrecklich geweint und ihn händeringend gebeten, es nicht zu tun. Paps hat dann gemeint, es wäre wohl sowieso zu spät, das hätte man sofort machen müssen. Ich selbst bin noch am Freitag den ganzen Schulweg abgegangen – meine Mutter ist zu Hause am Telefon geblieben, sie war sowieso ganz fertig mit den Nerven –, aber ich hab' nichts an Spuren gefunden. Das mit deinem Flugzeug wußte ich ja nicht«, wendet sich Karsten an Johnny. »Mit dem Holzstück hätte ich deshalb nichts anfangen können.«

Johnny nickt.

»Die Entführer haben noch zwei- oder dreimal angerufen. Obwohl mein Vater nun wieder da war, schienen sie es plötzlich nicht mehr eilig zu haben. Sie hätten ihre Pläne für die Übergabe geändert. Mein Vater solle schon mal das mit dem Geld regeln, sie würden uns dann rechtzeitig Tag und Ort der Übergabe bekanntgeben. Paps wollte unbedingt ein Lebenszeichen von Kai, sonst würde er nicht zahlen, hat er gesagt.«

Das leuchtet Tina, Johnny und Mops ein.

»Vorgestern, am Donnerstag, kam der letzte Anruf«, berichtet Karsten weiter. »Mein Vater solle das Geld am Freitag morgen von seiner Bank abholen, alles in Hundertern. Die genaue Anweisung für die Übergabe am Sonntag nachmittag sei unterwegs und auch das Lebenszeichen von meinem Bruder: Wir sollten in den Briefkasten gucken.«

Karsten kramt in seiner Tasche. »Hier, das kam gestern mit der Post«, sagt er und holt zwei Schriftstücke hervor.

Johnny, Tina und Mops beugen sich gespannt darüber. Das eine ist ein Ringbuchzettel mit etwas Handgeschriebenem darauf. Der andere zusammengefaltete Bogen – Größe DIN A4 – entpuppt sich als eine Schreibmaschinenmitteilung, getippt in Großbuchstaben. Der kleinere Zettel ist von Kai und trägt das Datum von Donnerstag. Darauf steht in Kais Handschrift:

Mir geht es gut. Tut alles, was sie sagen, dann bin ich bald wieder bei euch. – Zwei Sachen aus der Zeitung von heute: Flugzeugabsturz bei den Philippinen. Steffi Graf besiegte ihre Gegnerin im Viertelfinale mit 6:0 und 6:2.

Viele liebe Grüße, besonders an Mutti,
Euer Kai

PS: Wenn ich tot wäre, wüßte ich nicht, was heute in der Zeitung steht.

»Logisch, vorgestern muß Kai noch gelebt haben!« Johnny beißt sich auf die Lippen, als er Karstens Gesicht sieht. Schnell liest Tina den Erpresserbrief vor:

HERR TIMMERMANN!
WICKELN SIE DAS GELD IN ZEITUNGSPAPIER. STECKEN SIE DAS GELDPAKET IN EINE GROSSE PLASTIKTÜTE MIT DER AUFSCHRIFT: O WIE LECKER, FRISCH VOM BÄCKER. LEGEN SIE OBENAUF FÜNF ROTE ÄPFEL.

»Mensch, wollen die ein Picknick machen beim Geldzählen?« entrüstet sich Johnny. Tina liest unbeirrt weiter:

KAUFEN SIE EINE KARTE FÜR DAS DERBY AM SONNTAG. NUR SIE ALLEIN!! STELLEN SIE DIE TÜTE VOR DEM DRITTEN RENNEN HINTER SCHALTER 1. VERLASSEN SIE SOFORT DAS GELÄNDE! WARTEN SIE ZU HAUSE. WIR RUFEN AN, WO SIE KAI ABHOLEN KÖNNEN. UND KEINE POLIZEI! SONST ...

»Na, ich wollte schon immer mal ein Pferderennen sehen!« versucht Johnny den Ernst der Lage zu überspielen, handelt sich aber dafür einen Rippenstoß von Tina ein. Er steht auf und reckt sich. »Dann werde ich mal mein Sparschwein plündern, so eine Eintrittskarte kostet sicher ’ne ganze Stange.«

»Das Geld kriegt ihr natürlich von mir. Darauf kommt es nun auch nicht mehr an!« Karsten lächelt schief.

»Wir sind morgen zur Stelle, Karsten«, versucht Tina ihm Mut zu machen.

»Wir lassen die Tüte nicht aus den Augen«, ergänzt Mops, und Johnny ist ganz sicher: »Wir werden die Kerle schon kriegen! Da kannst du Gift drauf nehmen!«

»Lieber nicht«, murmelt Karsten und sieht auf die Uhr. »Ich muß nach Hause. Mein Vater ist ins Alstereinkaufszentrum

Brötchen holen. Ich meine: die Tüte mit der Aufschrift. Wenn er wieder zurück ist, vermißt er womöglich den Erpresserbrief. – Hier!« Er streckt Johnny einen Geldschein hin. »Für dic Eintrittskarten und das Fahrgeld. Und ruft gleich an, wenn ihr was beobachtet habt. Ich melde mich auch, wenn es etwas Neues geben sollte.«

»Ehrensache!«

Das Rennen beginnt

Dieser Samstag ist einer der längsten im Kalender, jedenfalls für Johnny, Tina und Mops. Er will und will nicht zu Ende gehen. Und dann kommt noch eine schrecklich lange Nacht: Tina wirft sich von einer Seite auf die andere, sie muß immer an den armen Kai denken.

»Lieber Vater im Himmel«, betet sie. »Bitte sei Kai ganz nah. Laß ihn spüren, daß du bei ihm bist und er keine Angst haben muß. Und hilf uns, daß wir das Richtige tun und daß morgen alles ein glückliches Ende nimmt. Amen.«

Johnny steht alle naselang wieder auf, um noch etwas zu trinken oder zu essen oder das Klo zu benutzen.

»Gott, Junge, was ist denn mit dir?« Frau Böttcher macht sich schon richtige Sorgen, als ihr Sohn um Mitternacht immer noch herumgeistert. »Du wirst doch nicht krank?«

»Nö, ich fühl' mich prima!« beeilt sich Johnny zu versichern, schließlich hat er am Sonntag nachmittag etwas ungeheuer Wichtiges vor.

Und Mops fällt erst gegen Morgen in einen unruhigen Schlaf. Immerhin jagt man nicht alle Tage ein paar miese Entführer, das geht einem schon an die Nieren!

Der langen Nacht von Samstag auf Sonntag folgt ein noch längerer Sonntag vormittag. Es gibt trotz des schönen Wetters so wenig, das man tun kann – außer warten. Nur Tina ist für anderthalb Stunden beschäftigt: Sie besucht wie jeden Sonntag mit ihren Eltern und Flori den Gottesdienst ihrer Gemeinde. Gerade heute findet sie es besonders wichtig, engen Kontakt zu Gott zu halten.

Natürlich muß man auch an praktische Dinge denken: Schon am Samstag hat Tina Herrn Rüter bekniet, ausnahmsweise und wirklich nur noch dies eine Mal auf seine sonstigen sonntäglichen Beschäftigungen zu verzichten und die drei zum Derby nach

Horn zu fahren.

»Wenn wir den Entführern auf der Spur bleiben wollen, brauchen wir nun mal ’nc schncllc Taxc«, hatte Johnny argumentiert.

»Seit wann interessierst du dich für Pferderennen?« Herr Siebeling wundert sich über seinen Sohn. Aber als großzügiger Vater hat er nichts dagegen, daß Mops hinfährt.

Tina bekommt unerwartet Probleme. Denn eigentlich will die ganze Familie Schmitt am Sonntag nachmittag einen Ausflug machen. Jedenfalls hatte sich Herr Schmitt das so gedacht und verkündet diese Neuigkeit beim Mittagessen.

»Das geht nicht, Vati!« ruft Tina entsetzt.

»So?« Herr Schmitt zieht erstaunt die Augenbrauen hoch und läßt die Gabel sinken. »Und warum nicht?«

Tina sieht ihren Vater an. »Ein Freund von Johnny, Mops und mir braucht dringend unsere Hilfe. Ich habe schon für ihn gebetet, aber ich bin sicher, daß das allein nicht genügt. Wir müssen auch selbst etwas tun. Sogar Pastor Breitenbach hat das heute morgen in seiner Predigt gesagt: Wir sollen Gottes Wort nicht nur hören, sondern es in die Tat umsetzen.«

Tinas Vater schmunzelt. »Das stimmt, Tina. Aber sicher hat er es etwas anders gemeint, als du es verstanden hast. Worum handelt es sich denn konkret bei eurer Hilfsaktion?«

Tina zögert. »Ich möchte eigentlich nichts dazu sagen, bevor ... bevor nicht alles wieder O.K. ist.«

»Hast du nicht erklärt, daß Herr Rüter euch drei begleitet?« fragt Frau Schmitt nach.

»Ja, Mutti.«

»Schön, Tina«, beendet Herr Schmitt das Gespräch. »Ich will nicht weiter in dich dringen.« Er lächelt seiner Tochter zu. »Ich hoffe, du erzählst uns irgendwann mal, um was es eigentlich ging.«

»Klar, Vati, ganz bestimmt!«

Johnnys Mutter ist ganz froh, daß ihr Sohn am Nachmittag etwas vorhat. Dann kann sie wenigstens in Ruhe ihre Vorhänge zu Ende nähen. Ist ja schrecklich, wie unruhig der Bengel schon den ganzen Vormittag in der Wohnung herumläuft! Nach draußen will er auch nicht.

»Nö, vielleicht ruft einer an«, meint er vage.

Kopfschüttelnd schiebt Frau Böttcher die nächste Stoffbahn unter die Nähmaschine.

Endlich ist es halb zwei – und die Rütersche Taxe setzt sich in Bewegung.

»Lieber zu früh als zu spät!« hatte Johnny gemeint. »Laßt uns man gleich nach dem Mittagessen losfahren.«

Jetzt sitzen alle drei im Auto: Johnny vorn, Tina und Mops hinten.

Johnny malt stumm lauter Strichmännchen auf seinen Notizblock, Tina kaut unentwegt auf einer Haarsträhne herum, und Mops sieht angestrengt auf die Straße, als ob er den blauen Kastenwagen mit der Beule in der Tür herbeigucken könnte. Dann hätten sie wenigstens das Kennzeichen!

Unterwegs künden etliche Plakate vom pferdesportlichen Ereignis der Saison: der Derby-Woche in Hamburg-Horn. Sebastian wirft einen Blick in den Rückspiegel. »Sehr gesprächig sind die Herrschaften heute aber nicht! Was meint ihr, wer das Derby gewinnen wird?«

»Das Derby?« fragt Johnny gedehnt. »Ach, so lange wollten wir vielleicht gar nicht bleiben ...«

»Na, hört mal!« Sebastian ist baff. »Da hetzt ihr mich an meinem freien Sonntag ganz bis nach Horn, weil heute das Derby stattfindet, und dann wollt ihr nicht mal bis zum Höhepunkt bleiben?!«

»Wir interessieren uns mehr für das dritte Rennen«, erklärt Mops würdevoll.

»Aus euch soll einer klug werden!« seufzt Sebastian und überholt eine »lahme Ente«. Sie fahren jetzt auf der Hammer Straße. Bis zum Horner Kreisel ist es nicht mehr weit. Allmählich wird

TAXI

der Verkehr dichter. Offensichtlich wollen noch andere zum Derby. Als sie in die Rennbahnstraße einbiegen, wird es ganz eng.

»Mensch, ist das voll hier!« stöhnt Johnny.

»Dann will ich man schon mal nach einem Parkplatz Ausschau halten«, meint Sebastian.

»Können wir nicht direkt an der Trabrennbahn parken?« bittet Tina.

»Sonst noch Wünsche, mein Fräulein? Aber meinetwegen, versuchen kann ich es ja. Vielleicht haben wir Glück.«

Sie haben. Zumindest, was den Parkplatz angeht: Sie finden tatsächlich noch eine Lücke unweit des Eingangs und der Tribünen. »Tja, das Glück des Tüchtigen!« lacht Johnny.

Aber das Lachen soll ihm noch vergehen ...

Alle vier drängeln sich durch den Eingang für Kartenbesitzer. Mops brauchte von Karstens Geld nur eine Eintrittskarte für ihren »Chauffeur« im Vorverkauf zu besorgen. Kinder unter vierzehn Jahren haben freien Eintritt, sie müssen nur ihren Schülerausweis vorzeigen.

Doch nun ergibt sich ein Problem: Sie können von Sebastian ja nicht verlangen, daß er die ganze Zeit bei ihnen bleibt. Womöglich würde er auch alles vermasseln. Was aber, wenn sie schnell zur Taxe müssen?

»Herr Rüter«, beginnt Tina. »Wir haben eine dringende Bitte. Es ist unheimlich wichtig für uns! Könnten Sie vor dem dritten Rennen wieder hier am Ausgang sein? Kann sein, daß wir ganz schnell weg müssen.«

»Wollt ihr ein Pferd klauen oder die Wetteinnahmen mitgehen lassen?« lacht Sebastian. Doch als er Tinas ernstes Gesicht sieht, lenkt er ein. »Okay, ich werde da sein. Vor dem dritten Rennen?«

Die Kinder nicken. »Dann macht's man gut bis dahin!« Sebastian Rüter winkt noch einmal lässig und ist schon in der Menschenmenge untergetaucht.

»Hier geht es ja zu wie in einem Ameisenhaufen!« meint Mops.

»Kein Wunder, daß die hier an das Geld ranwollen. In dem Gewühl kann jeder unauffällig verschwinden.«

»Ja«, grinst Johnny, »wenn er nicht schon vorher beobachtet wird! Kommt, wir sehen uns mal ein bißchen um.«

Das Gelände der Rennbahn ist in mehrere Bereiche eingeteilt. Außen sind die Plätze für die Zuschauer: ganz unten am Horner Bogen die billigsten, oben am anderen Ende die überdachten Tribünen für Ehrengäste, bekannte Persönlichkeiten und andere Leute mit gutgefüllter Brieftasche. Im Innenbereich liegen die Wettschalter sowie Führring und Sattelplatz, wo man vor den Rennen die Pferde und ihre Jockeys aus allernächster Nähe begutachten kann.

»Wartet mal!« ruft Mops. »Bin gleich wieder da!« Und er verschwindet im Gewühl. Kurze Zeit später taucht er wieder auf, ein Programmheft in der Hand. »Damit wir immer wissen, was Sache ist!«

Drei Köpfe beugen sich eifrig über das Heft.

»Das dritte Rennen fängt um fünfzehn Uhr dreißig an. Da haben wir noch massenhaft Zeit, uns alles anzusehen!«

Und zu sehen gibt es wirklich eine Menge! Da laufen die dollsten Typen herum. Tina staunt besonders über die modisch herausgeputzten Damen. Sie bufft Johnny und Mops in die Seite: »Guckt bloß mal, was die für Hüte tragen!«

Breitkrämpige Gebilde aus weißem Organza, kleine Schleierhütchen oder auch ganze »Wagenräder«, die die Dame darunter fast verdecken – alles ist vertreten. Nur gut, daß heute kein Wind weht!

Zum Erstaunen der Jungen tragen manche Herren Frack und Zylinder. Die meisten bevorzugen allerdings zweireihige Anzüge, Sakkos mit Fliege oder dunkelblaue Blazer. Es laufen aber auch viele junge Leute ganz lässig in Jeans herum, so wie Johnny und Mops. Tina wünscht sich, sie hätte etwas Schickeres an als ihren Jeansrock und die weiße Bluse. Wenn sie sich wenigstens die großen Ohrringe vom letzten Fasching angeklipst hätte! Doch dann erinnert sie sich, weshalb sie eigentlich hier sind.

»Da drüben, der mit der karierten Hose und dem Hawaiihemd, der sieht sich dauernd um. Der kommt mir ziemlich verdächtig vor!« flüstert Johnny. Tina und Mops folgen seinem Blick. Aber nun hat der Mann offensichtlich gefunden, was er gesucht hat: Ein kleines Mädchen im kurzen Sommerkleidchen und mit roten Schleifen in den Zöpfen kommt auf ihn zugelaufen und umarmt seine Beine. Der »Verdächtige« hebt die Kleine auf die Schultern, damit sie besser sehen kann. Denn jetzt wird der letzte Renntag des Derbys offiziell eröffnet: Ein schottischer Spielmannszug marschiert mit Pauken und Trompeten – und natürlich mit quäkenden Dudelsäcken! – über die Rennbahn, voran der stabschwingende Tambourmajor, alle in echten Kilts.

»Würdest du so etwas anziehen, so einen schottischen Rock? Also, ich nicht!« Johnny verzieht das Gesicht. Doch die Musik ist ganz gut, richtig schmissig.

Nun wird das erste Rennen durch den Lautsprecher angekündigt. Aber Johnny hat noch etwas vor. Er zieht Mops und Tina mit sich. »Ich will mir die Stelle ansehen, wo die Tüte hingebracht werden soll!«

Die drei gehen zu den flachen, langgestreckten Pavillons im Innenraum der Rennbahn. Im rechten Teil sind die Berichterstatter und die Rennleitung untergebracht, im linken reihen sich die Wettschalter aneinander: kleine Kabinen, in denen jeweils ein Mann die Wetten entgegennimmt und die Wettscheine ausgibt.

Am liebsten würde Johnny auch wetten. Aber die Höhe seines Taschengeldes und die Aufgabe, die sie hierhergeführt hat, lassen solche Wünsche nicht zu.

»Hinter dem ersten Wettschalter links«, murmelt Mops, und alle drei schlendern um den Bau herum. Auch hier ist es nicht menschenleer, wenn auch kein solches Gedränge herrscht wie auf der anderen Seite der Wettschalter. Noch ist keine Tüte da.

»Alles klar! Hier beziehen wir nachher unauffällig Posten!«

Das »Unternehmen Plastiktüte« nimmt seinen Anfang.

Unternehmen Plastiktüte

Jetzt wird das erste Rennen eingeläutet. Johnny, Tina und Mops suchen sich drüben vor den Tribünen einen Platz, von dem aus sie gut sehen können.

»Drängelt doch nicht so!« schimpft ein Mann mit Fernglas vor dem dicken Bauch.

»'tschuldigung!«

Die Pferde stehen jetzt in den Startboxen, einige tänzeln unruhig, dann der Start: Die Boxengitter gleiten blitzschnell in die Höhe, und die Pferde galoppieren los.

In der Zielgeraden geht ein Raunen durch die Zuschauermenge, schwillt an und löst sich in einem vielstimmigen Schrei, als der Sieger durchs Ziel geht. Manche jubeln und fallen sich in die Arme, andere zerreißen wütend oder stillschweigend ihren Wettschein. Vielleicht ist es doch ganz gut, daß Johnny nicht gewettet hat!

»Kommt, wir gehen vor dem zweiten Rennen mal zum Führring!«

Die drei Freunde überqueren wieder die Rennbahn und traben jetzt an den Wettschaltern vorbei zum Sattelplatz. Die Stallburschen bringen die Pferde für das zweite Rennen in den Führring. Die meisten Tiere sind ganz willig, nur einige versuchen auszubrechen. Trainer geben letzte Anweisungen, die Rennstallbesitzer klopfen ihren Pferden noch einmal den Hals, äußern sich besorgt oder zuversichtlich, und die Jockeys steigen auf.

»Wie komisch die da oben hocken«, findet Johnny. »Mit so hochgezogenen Knien!«

Die Rennstallbesitzer begeben sich wieder auf ihre Tribünenplätze. »Guckt mal da, das ist doch die Hanna Soundso aus dem Fernsehen!« Tina weist auf eine Dame im schwarzen Seidenkleid und gleichfalls schwarzem Hut mit zwei künstlichen blutroten Rosen daran. Als sie sich aufmerksam umsehen, entdecken sie

noch mehr bekannte Gesichter unter den Zuschauern: den Hamburger Bürgermeister, unauffällig in Dunkelgrau, eine vollbusige Schönheit, bei der Johnny schwört, es sei die berühmte Dingsda, die immer auf den Kinoplakaten abgebildet ist, er käme nur nicht auf den Namen, und – den ollen Degenhardt, ihren Turnlehrer aus der Schule! Allerdings nicht im Trainingsanzug wie sonst, sondern ganz vornehm im Einreiher mit hellgrauer Seidenweste.

Johnny grinst. »Wer hätte das gedacht! Der hat wohl 'ne heimliche Leidenschaft fürs Pferderennen!«

Das zweite Rennen sehen sich die drei vom Führring aus an, damit sie anschließend schnell beim Wettgebäude sind. Es ist genauso spannend wie das erste: Die Menge jubelt wieder oder schreit enttäuscht auf, je nachdem.

»Sieger des zweiten Rennens: die Nummer drei, 'Winnetou', vor der Nummer elf, 'Tango', und der Nummer sieben, 'Wirbelwind'!« tönt es aus dem Lautsprecher.

Nun wird es ernst.

»Los, Tina, du stellst dich an den Ausgang! Du weißt ja, worauf du achten sollst: Merk' dir alle, die das Gelände mit 'Gepäck' verlassen: große Beutel, Taschen oder so.«

Tina nickt. Sie hätte zwar viel lieber auch am Wettschalter Posten bezogen, aber sie sieht ein, daß einer am Ausgang aufpassen muß, falls etwas schiefgehen sollte.

»Ein guter Detektiv baut vor!« hatte Mops gemeint, auch wenn Johnny ganz sicher ist, daß sie den Kerl, der die Tüte abholt, nicht aus den Augen verlieren werden.

Während Tina zum Ausgang zurückgeht, schlendern Mops und Johnny zum Wettgebäude. Dort herrscht jetzt ein ziemlicher Betrieb, weil die Glücklichen, die auf die richtigen Pferde gesetzt haben, zu den Schaltern eilen, um sich ihre Gewinne auszahlen zu lassen.

Plötzlich zieht Mops Johnny zur Seite. »Da drüben ist Herr Timmermann! Da, im grauen Anzug!«

Richtig. Kais Vater ist sichtlich nervös und umklammert die

Plastiktüte mit der roten Aufschrift. Ein wenig merkwürdig sieht es schon aus: so ein elegant gekleideter Herr, richtig vornehm, und dann eine Plastiktüte in der Hand!

Jetzt ist Kais Vater an der Hinterseite des bezeichneten Pavillons. Ein verstohlener Blick ringsum, dann stellt er die Tüte mit dem wertvollen Inhalt ab und geht schnellen Schrittes in Richtung Tribüne davon. Johnny und Mops lehnen sich in einiger Entfernung an einen Papierkorb und halten den Atem an.

Was wird nun geschehen?

Die beiden Jungen sind jetzt genauso nervös wie eben Herr Timmermann. Immer wieder wird ihnen für einen kurzen Moment die Sicht auf die Plastiktüte versperrt, und sie atmen jedesmal erleichtert auf, wenn der Blick wieder frei wird: Die Tüte steht noch am alten Platz. Jetzt berät sich eine Gruppe von jungen Leuten, auf welche Pferde sie setzen wollen und verdecken ausgerechnet die Ecke vom Wettschalter, die Mops und Johnny beobachten. Endlich hat sich die Gruppe entschieden und geht auf den Wettschalter zu. Gottlob – die Tüte ist noch da!

Johnny sieht auf seine Armbanduhr. Es ist kurz vor halb vier. Gleich werden die Wettschalter geschlossen, und das dritte Rennen wird beginnen. Wollen die Entführer zugreifen, wenn alle anderen das Rennen verfolgen?

In diesem Augenblick kommt eine Horde Kinder lachend um die Ecke vom Wettschalter gefegt – und stößt die Tüte um! Die Äpfel kollern heraus. Das darf doch nicht wahr sein, ausgerechnet jetzt!

Ein Junge, vielleicht acht Jahre alt, sieht die Bescherung und kommt zurück. Mops packt Johnny am Arm.

»Ach, laß doch!« ruft ein etwas älteres Mädchen über die Schulter dem Jungen zu.

Sollen Johnny und Mops versuchen, ihn von der Tüte abzulenken? Oder machen sie sich dadurch selbst verdächtig? Was werden die Entführer tun, wenn sie das sehen? Mops' Finger krallen sich tiefer in Johnnys Arm.

Der Junge bückt sich.

Oh, mein Gott! Wird er hineinsehen oder nur die Äpfel wieder einsammeln?

Aber der Junge tut weder das eine noch das andere. Er dreht kurzerhand die Tüte um, so daß der ganze Inhalt – mehrere Stapel Zeitungen – auf den Boden fällt, lacht schadenfroh und läuft zu den anderen zurück.

»Das gibt es doch nicht!« Johnny und Mops sehen sich entgeistert an und verstehen die Welt nicht mehr. Da waren keine Geldbündel in Zeitungspapier eingewickelt, da war nur ein Haufen Zeitungen. Sie haben es ganz deutlich gesehen!

»Aber – aber – der Timmermann wird das Geld doch reingetan haben, wegen Kai, ich meine –«, stammelt Mops.

Da schlägt sich Johnny plötzlich mit der flachen Hand gegen die Stirn. »Wir Idioten! Daß ich daran nicht gedacht habe! Die Tüte ist vertauscht worden! Los, komm, sonst ist der Kerl mit dem Geld über alle Berge!«

Johnny rennt los. Im selben Augenblick ertönt die Lautsprecherdurchsage, daß die Rennbahn jetzt zu verlassen sei. Mit Mühe drängen sich die beiden Jungen durch die Menschenmenge, die nun das dritte Rennen sehen will.

Vertauscht? Jetzt kapiert auch Mops. Natürlich! In einem günstigen Moment – beziehungsweise ungünstigen! –, als ihnen gerade die Sicht verdeckt war, hat jemand klammheimlich eine genauso aussehende Plastiktüte statt der anderen dort hingestellt. Das heißt: nur von außen gleich, nicht mit dem gleichen Inhalt – nämlich ohne die fünfhunderttausend Mark! Deshalb war in dem Brief der Entführer auch eine ganz bestimmte Tüte verlangt worden und nicht eine x-beliebige!

»Wir Hornochsen! Wir Rindviecher!« Johnny schimpft im Laufen vor sich hin. Da drüben ist der Ausgang, da steht Tina, und da ist auch der Rüter.

»Na, wo brennt's denn?« fragt der.

Ohne Sebastian einer Antwort zu würdigen, sprudelt Johnny

los: »Wer hat alles den Rennplatz verlassen?«

Tina weiß sofort, daß es wichtig ist. »Zuerst Kais Vater – er hat mich aber nicht gesehen – und dann drei Leute, die in Frage kommen: ein Mann mit einer großen Arzttasche, der es ziemlich eilig hatte, dann noch ein Mann mit einem Campingbeutel und zum Schluß noch eine Frau mit einem Kinderwagen, da lag ein schreiendes Baby drin.«

»Mist!« murmelt Johnny. Womöglich ist die Frau eine Komplizin, und der Verbrecher hat ihr unauffällig die Tüte übergeben. Ein Kinderwagen ist natürlich ein prima Versteck für fünfhunderttausend Mark!

»Würde mich mal jemand aufklären, was hier eigentlich vor sich geht?« Sebastian Rüter erhält auf seine berechtigte Frage wieder keine Antwort, denn nun will Mops wissen: »Wie sahen sie aus, Tina?«

»Also, der mit der Arzttasche war groß und dünn, mit Brille und Bart, und hatte einen dunkelblauen Anzug an. Der andere mit dem Campingbeutel war kleiner und nicht so gut angezogen, karierte Jacke und dunkle Hose. Der sah ganz normal aus, blonde Haare, kein Bart, und die Frau ...«

In diesem Moment schreit Johnny auf und weist mit ausgestrecktem Arm nach draußen: »Da, da drüben! Ein blauer Kastenwagen, ein Ford Transit!«

Verfolgungsjagd

Tatsächlich!

Während die drei vom Brombeerweg noch kombinieren, wer von den Verdächtigen der Täter sein könnte, und Sebastian Rüter vergeblich versucht, zu Wort zu kommen, fährt draußen ein dunkelblauer Ford Transit Kastenwagen FT 100 am Renngelände vorbei. Da er in südlicher Richtung fährt, sehen die Kinder allerdings nur die Fahrerseite.

Johnny, Tina und Mops stürzen durch den Ausgang, und Sebastian Rüter rennt mit, ohne weitere Fragen zu stellen. Inzwischen hat auch er begriffen, daß hier gehandelt werden muß, für Fragen ist später noch Zeit.

Ein Glück, daß die Taxe so dicht beim Ausgang steht! Alle vier springen hinein, als ob sie einen Weltrekord im Schnellstarten brechen wollten, und die Taxe schießt vorwärts.

Ob es der Wagen mit der Beule ist? Und ob sie ihn noch einholen?

»Seht ihr ihn noch?« fragt Mops und starrt gebannt durch seine Brillengläser die Straße hinunter.

»Lieber Gott, laß sie nicht entwischen!« betet Tina, womit sie natürlich die Entführer meint. Johnny, der neben Sebastian sitzt, rutscht unruhig auf seinem Platz herum. Die Tachometernadel klettert derweil auf achtzig.

»Wir holen auf!« jubelt Johnny. Der verfolgte Wagen biegt jetzt nach rechts ab. Für eine Sekunde ist die Beifahrertür zu sehen: Sie hat eine große Beule!

»Sie sind es!« Erleichtert läßt sich Tina zurücksinken. Nun ist die Taxe dicht heran, zwischen ihr und dem verfolgten Fahrzeug ist nur ein Motorradfahrer. Johnny kann ohne Schwierigkeiten das Kennzeichen erkennen. »HH – AT 472«, notiert er.

»Puh, das war knapp! Jetzt wieder Abstand halten, sonst merken sie womöglich was!«

Sebastian Rüter nickt und geht auf knapp sechzig herunter.

»Mit dem Kennzeichen könnten Timmermanns doch zur Polizei gehen«, meint Mops. »Die schnappen sie dann schon!«

Johnny schüttelt den Kopf. »Und wenn die Nummer gefälscht ist? Oder sie ist auf einen ganz anderen Wagen zugelassen und hier bloß dranmontiert? Ehe die dann rausgekriegt haben, wem der Ford Transit wirklich gehört, sind die Verbrecher schon über alle Berge. Garantiert!« Johnny wendet sich an Sebastian: »Wir dürfen sie auf gar keinen Fall verlieren! Unbedingt dranbleiben!«

»Keine Sorge, ich paß schon auf.«

Sebastians Auto ist nun das dritte hinter dem Kastenwagen. Es geht immer geradeaus weiter Richtung Außenalster.

»Vielleicht erzählt mir jetzt mal einer, was eigentlich los ist?« schlägt Sebastian vor.

Ohne den blauen Ford aus den Augen zu lassen, der die Außenalster erreicht hat und nun linkerhand Richtung Kennedybrücke fährt, berichten Johnny, Tina und Mops abwechselnd von dem verschwundenen Modellflugzeug, Erna Seidels Beobachtungen und den Informationen von Kais Bruder für die Lösegeldübergabe.

Sebastian Rüter pfeift anerkennend durch die Zähne. »Da habt ihr ja allerhand geleistet! Hätte aber auch schiefgehen können, oder?!«

Tina nickt zögernd. »Ja, schon. Obwohl – ich habe immer dafür gebetet, daß Gott uns hilft. Ich glaube, wenn man Gott wirklich braucht, dann ist er auch da.«

Ausnahmsweise widerspricht ihr keiner.

»Wir kriegen sie, wir kriegen sie!« trällert Johnny vor sich hin.

»Hoffentlich!« knurrt Sebastian, denn gerade jetzt hat sich ein VW-Bus vor sie geschoben, der die Sicht verdeckt. Der Kastenwagen ist durch drei Fahrzeuge von ihnen getrennt und bis zum S-Bahnhof Dammtor unsichtbar.

»So ein blöder Bus!« schimpft Johnny. Doch gottlob biegt dieser jetzt in die Rothenbaumchaussee ein. Der nun wieder sichtbare Ford fährt dagegen weiter geradeaus.

Da schaltet die Ampel vor der Staatsbibliothek auf Rot, die Taxe hält mit qietschenden Bremsen, während sich der Kastenwagen auf der anderen Seite der Kreuzung immer weiter entfernt. In der Taxe ein dreistimmiger Aufschrei, aber trotz Johnnys Drängen weigert sich Sebastian standhaft, bei Rot weiterzufahren.

»Das fällt auf! Erstens dürfen wir nicht riskieren, daß die Entführer etwas merken, und zweitens wäre ich dann meine Lizenz los!«

»Ja, und so sind wir den Ford los!« schimpft der uneinsichtige Johnny.

Endlich, nach einer Ewigkeit, springt die Ampel um. Die Taxe nimmt erneut die Verfolgung auf, rast auf die nächste Kreuzung zu – keine Spur mehr vom Ford Transit!

»Verdammter Mist!« Johnny kann sich gar nicht beruhigen.

Und nun?

»Herr, hilf uns!« betet Tina laut. Sebastian wirft ihr einen zweifelnden Blick zu und fährt geradeaus weiter, weil Geradeausfahren am schnellsten geht. Und da, bei der U-Bahnstation, steht der blaue Wagen mit der Beule auf der Abbiegespur nach links und muß den Gegenverkehr vorbeilassen!

»Danke, Herr!« Aufatmend läßt sich Tina zurücksinken.

»Mein Gott, lange halte ich das nicht mehr durch!« stöhnt Mops und wischt sich den Schweiß von der Stirn.

Sie fahren jetzt zügig auf der Max-Brauer-Allee Richtung Altonaer Bahnhof. Plötzlich biegt der Ford ab und verschwindet in einem Gewirr kleiner Gassen. Sebastian hat Mühe, ihm zu folgen und trotzdem unbemerkt zu bleiben. Der blaue Kastenwagen fährt nun eine unbewohnt wirkende, enge Straße mit holprigem Kopfsteinpflaster hinunter, verringert das Tempo und hält am linken Fahrbahnrand.

Sebastian ist geistesgegenwärtig genug, sofort abzubiegen und in einer Seitenstraße an der ersten Toreinfahrt zu halten.

»Brennstoffhandel – Kohlen und Heizöl – Max Benthlin« steht über dem Torweg. Dahinter liegt ein Hof, auf dem ein Tanklaster vor einem Kohlenschuppen abgestellt ist.

»Heute am Sonntag wird Herr Benthlin sein Heizöl wohl kaum ausfahren«, meint Sebastian. »Ich glaube, hier können wir das Taxi unterbringen und von der Ecke aus unauffällig das Haus beobachten!«

Johnny und Tina sind schon aus dem Wagen gesprungen und das kurze Stück zurückgelaufen. Als sie vorsichtig um die Ecke spähen, sehen sie gerade noch einen Mann in dem Haus verschwinden, vor dem der Ford abgestellt ist.

»Der mit dem Campingbeutel!« flüstert Tina aufgeregt.

Das schäbige Mietshaus, dessen schmale Fenster teilweise mit Pappe vernagelt sind, trägt die Nr. 37. »Beim alten Fabrikhof« liest Johnny am Straßenschild.

Sebastian hat inzwischen auf dem Hof die Taxe gewendet, damit sie gleich in Fahrtrichtung stehen und schnell wieder starten können, falls es nötig wird. Alle vier stellen sich in einen Hauseingang an der Ecke.

»'Beim alten Fabrikhof' heißt das hier«, informiert Johnny die beiden anderen. »Der Name paßt wie die Faust aufs Auge! Überhaupt 'ne ziemlich düstere Gegend«, meint er mit einem Blick auf die dunkelgrauen, ungepflegten Mietshäuser, die sich eng aneinanderdrängen. Daneben alte Fabrikmauern aus verwitterten Ziegelsteinen. Kein Baum, kein Strauch, aber viel Staub, und an den Häusern abblätternder Putz.

»An dem kleinen Platz dahinten ist übrigens eine Telefonzelle«, fügt Johnny hinzu. Er hat sich die Stelle im Vorbeifahren gemerkt.

»Dann können wir doch jetzt die Polizei anrufen!« Mops ist sichtlich erleichtert. »Sicher haben sie Kai hier versteckt!«

Aber Sebastian schüttelt den Kopf. »Das können nur Kais Eltern entscheiden. Schließlich ist ihr Sohn noch nicht frei. Ich schlage vor, daß ihr die zuerst anruft.«

»Das mache ich«, sagt Tina. »Gib mir mal die Telefonnummer, Johnny!«

Der schlägt sein Notizbuch auf und reicht es der Freundin hinüber.

»Hier, aber mach's kurz. Wir wissen nicht, wann sie wieder auftauchen.«

Während Johnny und Mops weiterhin von der Ecke aus das fragliche Haus beobachten und sich Sebastian wieder in die Taxe setzt, läuft Tina zur Telefonzelle und legt sich zurecht, was sie sagen will. Hastig holt sie drei Groschen aus der Rocktasche und wählt. Das Rufzeichen ertönt. Sofort wird am anderen Ende der Leitung abgenommen.

»Ja?!« Das ist die Stimme von Kais Vater.

»Herr Timmermann, hier spricht Martina Schmitt!« ruft Tina in die Sprechmuschel. »Bitte legen Sie nicht auf! Ich weiß, Sie warten auf einen Anruf von den Entführern. Ich kann jetzt nicht alles erklären – fragen Sie Karsten –, aber wir haben die Entführer unauffällig verfolgt. Sie sind mit dem Geld in einem Haus in Altona, 'Beim alten Fabrikhof' Nr. 37. 'ne ziemlich schäbige

Gegend, wahrscheinlich haben sie Kai hier versteckt. Sollen wir jetzt die Polizei verständigen?«

Nun ist Herr Timmermann an der Reihe. Tina hört zu, sagt »okay!«, wirft den Hörer auf die Gabel und rennt zurück.

»Kais Vater will auf Nummer Sicher gehen!« stößt sie atemlos hervor. »Kais Leben ist ihm wichtiger als das Geld. Er will die Polizei erst einschalten, wenn Kai in Sicherheit ist. Die Entführer haben übrigens noch nicht angerufen. Wir sollen aber mit Kais Eltern in Verbindung bleiben und, wenn es geht, alle halbe Stunde kurz anrufen.«

Nach dem zweiten Kontrollanruf bei Timmermanns haben sich die Verbrecher immer noch nicht gemeldet, und Tina hat kein Kleingeld mehr.

»Hier, nimm meine Parkgroschen!« Sebastian schiebt ihr eine Handvoll Zehner hinüber.

»Wie lange wollen die denn die armen Eltern noch schmoren lassen?« empört sich Tina.

»Und uns«, fügt Johnny hinzu. »Ich kriege allmählich Hunger!«

An Proviant hat keiner gedacht. Nun hocken sie mit leerem Magen in der Taxe, wechseln sich beim Beobachten an der Ecke ab – gerade ist Mops an der Reihe – und werden immer nervöser.

Einmal kommt ein alter Mann aus einem der Nachbarhäuser geschlurft und verschwindet in der übernächsten Seitenstraße. Vor einem Kellerfenster putzt sich eine schwarze Katze, anschließend rollt sie sich zum Schlafen zusammen. Eine ganze Weile geschieht nichts. Dann hüpft ein kleines Mädchen mit bloßen Füßen über das Kopfsteinpflaster hinter seinem Ball her die Straße entlang. Das ist alles. Haus Nr. 37 liegt da wie unbewohnt.

»Warum rühren die sich nicht?« Johnny begreift das nicht. »Das Geld haben sie doch! Oder ob es noch einen Hinterausgang gibt?«

»Den gibt es vielleicht«, meint Sebastian gelassen. »Aber der Ford steht ja noch vor dem Haus. Wenn sie das Tatfahrzeug auch für die Lösegeldübergabe benutzen, haben sie wahrscheinlich nur den einen Wagen. Zu Fuß werden sie schon nicht abhauen. Ich glaube eher, sie warten, bis es dunkel ist.«

»Prost Mahlzeit!« Johnny rauft sich in gespielter Verzweiflung die roten Haare. »Bis dahin bin ich längst verhungert!«

Eine wertvolle Fracht

Ganz so schlimm kommt es dann doch nicht, obwohl noch einmal gut eine halbe Stunde vergeht, bis sich die Eingangstür von Haus Nr. 37 öffnet. Tina ist gerade vom letzten Kontrollanruf zurück, Daumen nach unten als Zeichen für Johnny, daß sich die Entführer noch immer nicht bei Familie Timmermann gemeldet haben.

Diesmal treten zwei Männer heraus: der vom Derby, aber ohne Campingbeutel, und ein untersetzter, kräftiger Kerl mit Stirnglatze. Zwischen sich tragen sie einen zusammengerollten und in der Mitte verschnürten Teppich, der ganz schön schwer zu sein scheint. Die beiden mühen sich sichtlich ab, die Teppichrolle hinten in den Ford zu hieven.

»Ob Kai da drin ist?« flüstert Tina. »Der Arme! Hoffentlich kriegt er auch genug Luft!« Sie läuft zum Torweg und klettert zu Mops und Sebastian in die Taxe. Nur Johnny bleibt noch an der Ecke stehen, um weiter zu beobachten. Keine Frage, sie müssen hinterher, selbst auf die Gefahr hin, daß inzwischen ein Komplize mit dem Geld abhaut. Zu blöd, daß sie die Polizei noch nicht alarmieren durften!

»Sie fahren los!« Johnny hat seinen Posten verlassen und wirft sich auf den Vordersitz neben Sebastian. Der zählt: »Einundzwanzig, zweiundzwanzig, dreiundzwanzig – los!« und startet gleichfalls. Langsam fährt die Taxe auf die Straße. An ihrem Ende biegt gerade der Ford um die Ecke.

»Wo sie Kai jetzt wohl hinbringen? Wenn sie bloß nicht so weit fahren! Noch so eine Verfolgungsjagd quer durch Hamburg, und ich hab' nachher graue Haare!« meint Johnny. Er kaut nervös an den Fingernägeln. Tina lutscht auf einer Haarsträhne, und Mops trommelt mit den Fäusten auf die Knie.

»Hauptsache, sie fahren in keine ganz einsame Gegend, das Hafengebiet an der Elbe zum Beispiel!« Sebastian macht ein besorgtes Gesicht. »Dann müßten wir zurückbleiben. Das fällt

sonst auf: Was macht eine Taxe am Sonntag zwischen Kühlhäusern und Frachtcontainern am Hafenkai? Wir dürfen nicht riskieren, daß die Entführer noch zu guter Letzt durchdrehen.« Aber es sieht nicht so aus, als ob der Fahrer des blauen Kastenwagens den Weg zum Hafen hinunter einschlägt. Sie verlassen die Altonaer Altstadt vielmehr nach Nordosten, Richtung Eimsbüttel. Sebastian läßt zur Sicherheit immer ein oder zwei Wagen zwischen dem verfolgten Fahrzeug und der Taxe. Doch entweder sehen die Verbrecher nicht in den Rückspiegel, oder sie finden es nicht verdächtig, daß in einigem Abstand ein Taxi die gleiche Strecke fährt wie sie.

Nur einmal wird es kritisch, als sich ein Fahrschulauto vor die Taxe setzt, das höchstens Tempo dreißig fährt.

»Seit wann geben Fahrschulen auch sonntags Unterricht?« schreit Johnny empört. »Das müßte verboten werden!«

Der Zwischenraum zum Ford wird immer größer, und jetzt biegt er auch noch ab!

»Mann, überhol doch endlich!« blafft Johnny Sebastian an.

»Geht nicht! Du siehst doch: Gegenverkehr!«

Endlich eine Lücke!

Die Taxe schießt an dem Fahrschulauto vorbei und biegt hundert Meter weiter gleichfalls ab. Die Fahrbahn vor ihnen ist leer!

»Jetzt sind sie weg! Verdammt! Los, Tina, bete noch mal!«

Erstaunt sieht Tina zu Johnny hinüber, während sie die Hände faltet. Die Taxe saust weiter.

»Schneller, als die Polizei erlaubt«, murmelt Sebastian schuldbewußt.

Da – auf dem Gehwegrand steht etwas Blaues, die Taxe ist schon daran vorbei.

»Das waren sie!«

Sebastian verringert die Geschwindigkeit und schiebt sich in eine Lücke auf dem Parkstreifen. Tina sieht aus dem Rückfenster, wie einer der beiden Männer – der mit der Stirnglatze – auf der anderen Straßenseite eine Zigarettenschachtel aus einem Automaten zieht, die Fahrbahn überquert und wieder in den Ford steigt.

»Mensch, Tina, du scheinst wirklich einen guten Draht nach oben zu haben!« Johnny weist mit dem Daumen zum Himmel und grinst ein bißchen verlegen.

Die vier warten, bis der blaue Wagen an ihnen vorübergefahren ist. Sebastian läßt noch ein weiteres Fahrzeug vorbei, rangiert dann vorsichtig aus der Parklücke und nimmt erneut die Verfolgung auf.

»Noch mal so was, und ich steh' kurz vorm Herzinfarkt!« Mops preßt die Handflächen fest gegeneinander.

Jetzt geht es die Fuhlsbütteler Straße hinauf Richtung Ohlsdorf.

»Die werden Kai doch nicht persönlich bei seinen Eltern abliefern?« wundert sich Johnny.

Aber bis ins Alstertal, so weit geht es gar nicht mehr. Die Fahrt ist kurz vor dem Barmbeker Bahnhof zu Ende: Vor dem Timmermannschen Möbelhaus biegt der Ford in den Kundenparkplatz ein und fährt um das Gebäude herum zur Lieferauffahrt.

»Wir halten hier vorn an der Straße!« entscheidet Sebastian. Johnny ist schon halb aus dem Wagen. »Los, wir sprinten hinterher! Wir schleichen uns ran und versuchen rauszukriegen, was sie da treiben.«

»Seid bloß vorsichtig!« ermahnt sie Sebastian.

»Ich bleibe hier«, sagt Mops. »Falls ihr nicht rechtzeitig zurück seid und die Täter weiter verfolgt werden müssen, braucht Sebastian vielleicht einen zweiten Mann.«

»Ist gut. Wenn wir was sehen, geben wir euch ein Zeichen: Lege ich Tina den Arm um die Schulter, laden sie ihre 'Fracht' ab. Wenn nicht, ist die Teppichrolle noch im Wagen. Dann müßt ihr hinterher!«

Eilig überqueren Johnny und Tina die Fahrbahn und laufen zur Ecke des Möbelhauses. Für die wenigen Passanten, die an diesem frühen Sonntag abend an den Geschäften der Fuhlsbütteler Straße entlangschlendern, sieht es so aus, als interessierten sich zwei Jugendliche brennend für die Einrichtung des Timmermannschen Möbelhauses.

In Wirklichkeit versuchen Johnny und Tina durch das seitlich angrenzende Glasfenster einen Blick auf das Geschehen zu werfen, das sich hinten auf dem Lieferhof abspielt. Nun legt der Junge dem Mädchen den Arm um die Schulter.

»Da, das Zeichen! Sie haben den Teppich abgeladen!« Mops ist ganz aus dem Häuschen.

»Lieferung frei Haus!« sagt Sebastian grimmig.

Da kommt auch schon der blaue Ford die Auffahrt zurück, biegt in die Fuhlsbütteler Straße ein und fährt in die Richtung, aus der er vorher gekommen ist.

Sebastian und Mops springen aus der Taxe und rennen nach drüben. Jetzt muß es sich zeigen, ob sie recht hatten mit ihrer Vermutung, daß Kai in dem zusammengerollten Teppich steckt, oder alles war umsonst!

Tina und Johnny hocken schon im Lieferhof neben der schäbigen Teppichrolle. Johnny säbelt mit seinem Taschenmesser an den Schnüren herum.

Geschafft!

Mit vereinten Kräften rollen sie den Teppich auseinander, und da liegt an Händen und Füßen mit einer Wäscheleine gefesselt und einem Tuch vor dem Mund: Kai Timmermann! Mit ziemlich rotem Kopf, aber sonst anscheinend unversehrt.

Maßlose Erleichterung und ungläubiges Staunen wechseln auf seinem Gesicht. Tina bindet mit fliegenden Händen das Tuch auf, und Kai japst nach Luft.

»Ihr?« krächzt er. »Wie kommt ihr denn hierher?«

»Das ist eine lange Geschichte. Bist du okay, Kai? Komm, wir bringen dich erst mal zu unserem Auto.« Tina hat auch die Fesseln gelöst, und Mops und Sebastian Rüter – von Johnny kurz als »unser Freund Sebastian« vorgestellt – stützen den glücklich Befreiten. Denn Kai ist noch ziemlich wackelig auf den Beinen.

»Da hinten bei der Bahnunterführung ist eine Telefonzelle. Da fahre ich jetzt hin«, sagt Sebastian. »Und dann rufen wir zuallererst deine Familie an!«

Sie fahren das kurze Stück, und Sebastian parkt die Taxe direkt neben der Telefonzelle mitten auf dem Bürgersteig.

»Wenn jetzt ein Polizist käme, wäre mir das nur recht!« lacht er.

Alle vier Kinder drängen sich in die enge Zelle. Tina wählt für Kai, dessen Finger immer noch ziemlich gefühllos sind.

»Hier Martina Schmitt! Haben die Entführer inzwischen angerufen? Nein? Schadet nichts! Hier steht nämlich jemand neben mir, der Sie unbedingt sprechen will!« Damit hält sie Kai den Hörer ans Ohr.

Der sprudelt los: »Paps? Hier bin ich, Kai! Es geht mir gut! Die drei vom Brombeerweg haben mich befreit!«

Am anderen Ende der Leitung schreit Herr Timmermann: »Gott sei Dank, mein Junge! Bist du gesund?«

Kais Mutter bricht in heilloses Weinen aus, diesmal vor Freude, während Karsten so etwas wie einen Jodler von sich gibt und dann versucht, seine schluchzende Mutter zu beruhigen. Kai muß noch ein paar Mal versichern, daß ihm wirklich nichts fehlt, dann übernimmt Tina wieder den Hörer.

»Herr Timmermann, Sie müssen die Leitung frei machen! Sicher rufen die Entführer gleich an. Tun Sie so, als ob Sie nichts wüßten. Wir alarmieren jetzt die Polizei und bringen Kai dann gleich nach Hause!«

Tina und Johnny setzen Kai wieder in die Taxe. Er sieht jetzt gar nicht mehr rot aus im Gesicht, sondern sehr blaß und lehnt sich erschöpft in die Polster zurück.

Währenddessen steckt Mops noch einmal drei Telefongroschen in den Schlitz, die letzten, und wählt kurz entschlossen Notruf 110. Er schildert knapp, was geschehen ist und gibt alle wichtigen Informationen durch: die Beschreibung der beiden Täter und des Fahrzeuges, das Pkw-Kennzeichen, die Adresse von Timmermanns und natürlich die Adresse des verdächtigen Hauses »Beim alten Fabrikhof« Nr. 37.

Mops hat Glück. Der Beamte am anderen Ende hält das Ganze nicht für einen Dummejungenstreich. Mit einem Anruf bei Familie Timmermann vergewissert er sich, daß die Geschichte stimmt, so unglaublich sie auch klingt. Nun, wo Kai frei ist, kann Herr Timmermann gefahrlos zugeben, daß sein Sohn entführt worden war. Nach dieser Auskunft trifft der Beamte sofort alle erforderlichen Maßnahmen und schaltet die Kripo ein.

Mops steigt zu seinen Freunden in die Taxe.

»Alles erledigt, wir können fahren!«

Doch damit ist Tina nicht einverstanden. »A l l e s haben wir noch nicht erledigt!« korrigiert sie ihn. »Meint ihr nicht, daß wir Gott für seine Hilfe danken sollten?«

Ziemlich verlegen falten die Jungen die Hände. Auch Sebastian Rüter senkt den Kopf, als Tina mit klarer Stimme ihr Dankgebet zu sprechen beginnt: »Lieber Vater im Himmel, wir danken dir, daß du Kai bewahrt und beschützt hast. Du hast uns begleitet und uns gezeigt, wie wir helfen können. Hab Dank dafür, daß Kai nun wieder frei ist und gesund zu seiner Familie zurückkehren kann. Amen.«

»Amen«, murmeln auch die männlichen Insassen des Fahrzeuges. Dann setzt sich das Auto in Bewegung.

Während eine cremefarbene Taxe mit vier Kindern zum Alstertal rollt und ein blauer Ford Transit Kastenwagen FT 100 mit Beule in der Beifahrertür Richtung Altona fährt und nur einmal für einen kurzen Anruf an einer Telefonzelle hält, treffen mehrere Einsatzwagen der Kriminalpolizei »Beim alten Fabrikhof« ein und umstellen unauffällig den Block mit dem Haus Nr. 37. Gleichzeitig läuft eine Fahndung nach dem Pkw mit dem Kennzeichen HH – AT 472. Es ist nur eine Frage der Zeit, dann sitzen die Entführer in der Falle.

Grund zum Feiern

Acht Personen haben sich um den schweren Eßzimmertisch bei Timmermanns versammelt und feiern Kais glückliche Heimkehr: die Kinder mit Saft, Herr Timmermann und Sebastian Rüter mit einem Glas Wein und Kais Mutter mit Mineralwasser. Ihr ist die Aufregung auf den Magen geschlagen.

Ganz dicht sitzt sie neben ihrem jüngsten Sohn, streicht ihm über das strubbelige Haar oder legt ihm ihren Arm um die mageren Schultern, während sie immer wieder zum Taschentuch greifen muß.

»Das sind nur die Nerven«, entschuldigt sie sich.

»Kai, willst du nicht etwas essen?« fragt sie gerade und guckt ihren Jungen besorgt an. »Karsten kann dir schnell eine Pizza in den Herd schieben.«

»Oh, nein!« stöhnt Kai auf und hebt die Augen zur hohen Zimmerdecke. »Bloß das nicht! Pizza kann ich nicht mehr sehen!«

Und er berichtet seinen Zuhörern, was er bei den Entführern zu essen bekam: »Morgens gab es Brötchen mit Marmelade und abends belegte Brote und Cola dazu, das war ganz in Ordnung. Aber mittags ...« Er schüttelt sich noch in der Erinnerung daran.

»Siebzehn Tage war ich eingesperrt. Ich hab' nämlich auf meine Uhr geguckt, die hat ja 'ne Datumsanzeige. Da wußte ich immer genau, welcher Tag war!« fügt er stolz hinzu. »Und an den siebzehn Tagen gab es siebenmal Hamburger und zehnmal Pizza zum Mittagessen, ich hab's gezählt! Also, ich schwöre hiermit feierlich, nie mehr in meinem ganzen Leben Pizza zu essen und nur noch ganz selten Hamburger!« Die Anspannung der letzten Tage löst sich in einem befreienden Gelächter.

»Vielleicht sind die Entführer nicht verheiratet und konnten selbst nicht kochen?« meint Tina.

»Schlappe Heinis«, denkt Johnny, denn er kann kochen, gut sogar.

ZACK

Manchmal brutzelt er für seine Mutter und sich etwas Leckeres zusammen: Putenschnitzel mit Käsesoße zum Beispiel oder mit Pilzen gefüllte Omeletts.

»Kann schon sein. Ich hab' immer nur mit zwei Männern zu tun gehabt, nie mit einer Frau«, erzählt Kai weiter.

»Am besten beginnst du ganz von vorn, mein Sohn«, schlägt sein Vater vor. »Das heißt: Wenn du überhaupt darüber reden magst!«

»Klar, jetzt ist ja alles wieder in Butter!« Kai strahlt in die Runde.

»Also: Am Freitag mittag radle ich nichtsahnend nach der Schule den Alsterwanderweg entlang und komm' da an dem kleinen Parkplatz beim 'Grünen Winkel' vorbei. Da steht ein blauer Kastenwagen, ein Mann hat sich unter die aufgeklappte Motorhaube gebeugt und fragt: 'Kannst du mir mal helfen?' Als ich vom Rad steige, dein zusammengelegtes Flugzeug noch in der Hand, Johnny, und ans Auto trete, packt mich plötzlich einer von hinten und drückt mir einen Wattebausch mit Chloroform oder so ins Gesicht. Ich wollte mich noch wehren, aber dann bin ich erst wieder auf zwei dicken Matratzen in so 'ner Art Kellerverschlag ohne Fenster zu mir gekommen. Auf dem Zementboden lagen noch alte Wolldecken und Kissen. An der Wand lief ein dickes Rohr längs, und von der Decke baumelte eine nackte Glühbirne. Neben mir lagen meine Schultasche und dein Flugzeug, Johnny, leider ziemlich ramponiert. Ich fürchte, das ist im Eimer!« Kai sieht bedauernd zu seinem Klassenkameraden hinüber.

»Macht nichts, Kai! Hauptsache, dir ist nichts passiert«, winkt Johnny großzügig ab.

»Na, da reden wir noch mal drüber!« sagt Herr Timmermann augenzwinkernd.

Kai fährt fort mit seiner Geschichte:

»An der Wand neben der Tür stand mein Fahrrad. Ohne Klingel, die hatten sie abmontiert. Das war alles. Erst hab' ich gerufen und gegen die Tür gehämmert, es hat sich aber nichts gerührt.

Nach einer Weile ging plötzlich das Licht aus, ein Schlüssel wurde im Schloß gedreht, und ein Mann kam rein. Er leuchtete mir mit einer Taschenlampe ins Gesicht, daß ich ganz geblendet war. 'Brauchst keine Angst zu haben', hat der dann zu mir gesagt. 'Wenn du keinen Ärger machst und deine Alten alles tun, was wir sagen, passiert dir nichts', und hat mir die erste Pizza hingestellt. Sie sind immer nur im Dunkeln reingekommen, deshalb kann ich sie auch nicht beschreiben. Hinterher haben sie von draußen das Licht wieder angemacht«, setzt Kai hinzu.

»Beim nächsten Besuch hat er mir dann einen Stapel Comic-Hefte gebracht und später noch Kreuzworträtsel. Ja, und dann kam der andere rein – ich konnte sie an ihren Stimmen unterscheiden – und hat gesagt, es würde ein bißchen länger dauern, weil du verreist seist, Paps, und sie warten müßten. Aber wehe, wenn das ein Trick sei, dann würd's mir dreckig gehen. – Ich hab' aber keine Angst gehabt«, versichert Kai. »Ich wußte ja, daß du auf Geschäftsreise mußtest. Außerdem –« Kai zögert und sieht Tina an. Dann gibt er sich einen Ruck.

»Außerdem hab' ich immer gebetet. Hinterher war ich dann ganz ruhig. Und noch was: Würden die Entführer sich so viel Mühe geben, unerkannt zu bleiben, wenn sie mich aus dem Wege räumen wollten? Selbst wenn sie mich aufs Klo gebracht haben, eine halbe Treppe höher, haben sie mir immer vorher die Augen verbunden. Bloß schrecklich langweilig war's auf die Dauer!« seufzt Kai. »Ich habe sogar alle Schulbücher, die ich dabei hatte, durchgelesen.«

»Typisch Kai«, denkt Johnny. Das käme ihm nie in den Sinn!

»Und abends, da hab' ich oft an euch gedacht«, fährt Kai fort. »Was ihr wohl gerade so macht, und ob es euch gutgeht ...«

Am letzten Donnerstag haben sie mir dann morgens eine Zeitung gegeben, die sollte ich lesen und zwei Schlagzeilen für euch abschreiben, damit ihr seht, daß ich noch lebe.«

Bei Frau Timmermann fließen jetzt wieder die Tränen. Kai streichelt seiner Mutter den Arm.

»Ist ja gut, Mutti, ich leb' doch immer noch!«

Herr Timmermann schenkt den Kindern und sich noch einmal nach.

Nur Sebastian Rüter legt die Hand über das Glas: »Für mich nicht mehr, ich muß noch Auto fahren.«

»Ja«, erzählt Kai weiter, »und heute kurz vor sechs kamen sie mit einem Teppich in den Keller. Ich hab' erst gedacht, sie wollten den da hinlegen, aber dann haben sie mich gefesselt und geknebelt und in den Teppich gerollt. 'Tut mir leid, Junge', hat der eine gesagt, 'aber das muß sein. Heute abend biste dann auch wieder zu Haus'.' Na, war trotzdem schrecklich heiß und stickig da drinnen, und schwindlig geworden ist mir auch vom Autofahren.«

»Mein armer Kleiner!« Frau Timmermann muß erneut das Taschentuch benutzen.

»Ist ja nun vorbei, Mutti!« tröstet Kai sie und berichtet weiter:

»Ich hab' gemerkt, wie das Auto gehalten hat und sie mich rausgetragen und abgelegt haben. Aber ich hab' natürlich nicht gewußt, wo. Ich hab' bloß gedacht: Lieber Gott, laß bald einen kommen, der mich hier findet! Und gleich darauf hat sich jemand am Teppich zu schaffen gemacht. Ich hatte erst Angst, die zwei Kerle wären noch mal zurückgekommen. Statt dessen sehe ich plötzlich die Gesichter von Tina, Johnny und Mops vor mir – ich konnte es gar nicht glauben!« schließt Kai seinen Bericht. Die Erleichterung ist ihm jetzt noch anzumerken.

Auf der Rückfahrt zu seiner Familie haben die drei vom Brombeerweg Kai schon alles Wesentliche erzählt. Aber jetzt wollen auch Kais Eltern noch einmal ganz genau wissen, wie sich alles zugetragen hat.

»Kommt, wir gehen rüber ins Wohnzimmer«, schlägt Frau Timmermann vor, als alle ausgetrunken haben. »Dann kann sich Kai ein bißchen aufs Sofa legen.«

»Ich bin doch nicht krank!« protestiert der. »Leg du dich lieber hin, Mutti, du brauchst das nötiger!«

»Aber nein!« widerspricht sie ihrem Sohn etwas verlegen.

Als alle Platz genommen haben – man versinkt richtig in den großen Polstern –, erzählen Johnny, Tina und Mops abwechselnd, wie sie erst Kais Entführung und dann den Entführern auf die Spur gekommen sind. Kais Vater schlägt sich mit der Hand aufs Knie, als Johnny ihm die nächtliche Suchaktion für sein Flugzeug beichtet.

»Na, so was! Bis ins Schlafzimmer – du hast Nerven! Und ich hab' wirklich geschnarcht?!« Dann sagt Herr Timmermann:

»Du hast aber Glück gehabt, daß du überhaupt reingekommen bist. Normalerweise ist die Kellertür nachts verschlossen, unsere Muschi hat ja ihre Katzenklappe.«

Als hätte sie nur aufs Stichwort gewartet, taucht in diesem Moment eine hübsche graugetigerte Katze in der Tür zum Wohnzimmer auf und springt sofort auf Kais Schoß.

»Muschi, meine Muschi!« ruft der glücklich und vergräbt sein Gesicht in dem weichen Katzenfell. Niemand soll sehen, daß ihm nun doch ein paar Tränen kommen. Schnell erzählt Johnny weiter, wie Herr Timmermann ihn beinahe noch entdeckt hätte, unten in der Diele.

»Stimmt! Manchmal bin ich nachts aufgestanden und hab' mir noch was zum Trinken aus dem Kühlschrank geholt.« Kais Vater nickt nachdenklich. »Aber daß da noch jemand war! Ich hätte ja einen Herzschlag kriegen können, meinst du nicht?« und er sieht Johnny augenzwinkernd an.

»Warum die Polizei nicht anruft?« wundert sich Karsten. »Die müßten die Kerle doch längst geschnappt haben!«

Im gleichen Augenblick klingelt es an der Tür.

»Ich mach' auf!« Karsten springt hoch und läuft nach draußen. Vor der Tür stehen zwei unauffällig gekleidete Männer.

»Guten Abend! Hauptkommissar Wegelein von der Hamburger Kriminalpolizei«, sagt der etwas Ältere und hält Karsten seinen Dienstausweis hin. »Dies ist mein Mitarbeiter, Inspektor Kühnagel«, stellt er den zweiten Mann vor, einen sportlich durchtrainierten Hünen mit Bart. »Dürfen wir hereinkommen? Wir haben Ihnen etwas Wichtiges mitzuteilen.«

Kommissar Wegelein hat was zu sagen

»Kommissar Wegelein und Inspektor Kühnagel!« meldet Karsten seine Begleiter im Wohnzimmer an.

Geld und Geschmack, registriert der Kommissar mit einem Blick: echte Perser auf dem Parkettboden, die Schränke wertvolle Antiquitäten und die eleganten Polstermöbel zwei Stufen tiefer in einer großen Sitzmulde. Alle Achtung!

Herr Timmermann geht den beiden Besuchern entgegen und streckt dem imposanten Herrn Kühnagel die Hand hin.

»Willkommen, Herr Kommissar!«

»Ich bin Kommissar Wegelein«, lächelt der kleine Mann neben diesem. »Innere Größe tut es auch!«

»Oh, ich bitte vielmals um Entschuldigung!« Herrn Timmermann ist seine Verwechslung sichtlich peinlich. Schnell stellt er seine Familie und die jungen Gäste vor. Dann wendet er sich wieder den beiden Kriminalbeamten zu:

»Bitte nehmen Sie Platz, meine Herren. Darf ich Ihnen etwas anbieten?«

»Danke, aber nichts Alkoholisches. Wir sind ja im Dienst«, sagt der Kommissar und setzt sich.

Nun wird's spannend, denken Johnny, Tina und Mops fast gleichzeitig.

Haben sie sie, oder haben sie sie nicht?

Als ob er Gedanken lesen könnte, sieht Kommissar Wegelein in die Runde und sagt gelassen: »Wir haben sie.«

Allgemeiner Jubel bricht los. Der Kommissar trinkt seinen Saft und lächelt still in sich hinein. Dann wendet er sich an die Kinder:

»Das haben wir in erster Linie euch zu verdanken. Trotzdem war es ein bodenloser Leichtsinn, euch selbst an die Verfolgung zu machen! Was meint ihr, wie es Kai ergangen wäre, wenn die Entführer gemerkt hätten, daß sie verfolgt werden?! Kais Leben hättet ihr in Gefahr gebracht!«

Tina schüttelt kaum merklich den Kopf. Nein, das sieht sie anders:

Sie haben ja immer darum gebetet, daß Gott ihnen zeigt, was sie tun sollen. Wenn er nicht gewollt hätte, daß sie sich einmischen, dann hätte er schon dafür gesorgt – zum Beispiel hätten sie den Wagen mit der Beule aus den Augen verloren oder gar nicht erst entdeckt. Aber kann man mit einem Kommissar über Gottes Führung diskutieren? Wohl kaum. Tina seufzt.

Kommissar Wegelein nickt befriedigt. Er wertet das Schweigen der Jungen und Tinas Seufzer als Eingeständnis, daß sie ihr leichtfertiges Handeln einsehen. In die Stille hinein fragt Herr Timmermann:

»Und das Geld?«

Fünfhunderttausend Mark sind schließlich kein Pappenstiel!

»Das Geld«, Kommissar Wegelein lehnt sich gemütlich zurück, »das Geld ist an einem sicheren Ort.« Als er die fragenden Gesichter sieht, fügt er schmunzelnd hinzu: »Auf dem Polizeipräsidium! Meine Männer zählen es gerade. Aber wie es scheint, ist alles vollständig.«

Inspektor Kühnagel hat bisher noch gar nichts gesagt. Jetzt ergänzt er sachlich: »Es lag in zwei Koffern verteilt neben einer weißen Plastiktüte mit der Aufschrift ...«

»O wie lecker, frisch vom Bäcker!« beenden Johnny, Tina und Mops seinen Satz. Kühnagel sieht die Kinder erst etwas irritiert an, dann lächelt auch er. »Seid wirklich ganz schön auf Draht, ihr drei!«

»Klar!« Johnny hat wie immer eine große Klappe. Er hat völlig vergessen, daß sie die Sache beim Derby ziemlich vermasselt haben. Wenn sie nicht im letzten Moment den Ford gesehen hätten ...

»Wenn Sie morgen kurz auf das Präsidium am Berliner Tor kommen, Herr Timmermann, erhalten Sie Ihr Eigentum zurück. Fünfter Stock, Zimmer 541. Melden Sie sich bei Herrn Kühnagel.«

Dieser ergänzt: »Auch ein Fahrrad, eine Schultasche und ein demoliertes Flugzeugmodell können dort in Empfang genommen werden. Das haben wir im Kellergeschoß des fraglichen Hauses in einem fensterlosen Raum gefunden, der offenbar als Gefängnis gedient hat.«

Kais Vater ist sichtlich erleichtert, daß er sein Geld zurückerhält.

»Natürlich ist es das wichtigste, daß ich meinen Jungen gesund wiederhabe!« sagt er und drückt Kai kurz an sich. »Aber fünfhunderttausend Mark sind auch für mich keine Kleinigkeit!«

Das versteht Johnny voll und ganz, und auch die anderen nicken.

»Wo haben Sie sie denn geschnappt?« will Sebastian Rüter wissen. »Oder ist das ein Polizeigeheimnis?«

»Aber nein! Der Fall ist ja fast abgeschlossen, dank Ihrer Mithilfe, Herr Rüter. Kurz hinter der S-Bahn-Unterführung Holstenstraße haben wir sie gefaßt, sie wollten offensichtlich nach Altona zurück. Das heißt: Drei Peterwagenbesatzungen haben das fragliche Fahrzeug gestellt«, verbessert sich Kommissar Wegelein. »Das Kennzeichen war übrigens gefälscht. Darf man hier rauchen? – Danke.« Er zieht ein goldenes Etui aus der Hosentasche und zündet sich in aller Ruhe eine Zigarette an.

»Die beiden 'Herren Entführer' taten ganz ahnungslos. Sie hatten das Geld auch nicht im Auto. Aber wir wußten von euch ja die richtige Adresse. Und dort wurden wir dann fündig. Auf dem Bett lagen schon die gepackten Koffer und zwei Flugkarten nach Rio de Janeiro, gebucht für eine Maschine heute abend 21 Uhr.«

Johnny pfeift hörbar durch die Zähne.

»Tja, da habt ihr den beiden einen schönen Strich durch die Rechnung gemacht!«

»Nicht wir, sondern Gott!« denkt Tina, sagt aber nichts.

Kommissar Wegelein nimmt einen tiefen Zug. »Ist nun nichts mit südlicher Sonne und Rumbatanzen. Statt dessen geht's ab hinter Gitter.«

Inspektor Kühnagel meldet sich zu Wort:

»Und das nicht zum ersten Mal, wie wir durch unseren Computer wissen. Das BKA – Entschuldigung, das Bundeskriminalamt – in Wiesbaden überprüft gerade per Zentralcomputer, ob die Täter auch noch für Straftaten außerhalb von Hamburg in Frage kommen.«

»Ihr müßt morgen übrigens alle ins Präsidium kommen, Kinder. Nicht nur Kai!« wendet sich Kommissar Wegelein an Johnny, Tina und Mops. »Und Sie bitte auch, Herr Rüter. Reine Routinesache, für das Protokoll und zur Identifizierung.«

»Vormittags oder nachmittags?« fragt Johnny sofort wie aus der Pistole geschossen.

Der Kommissar lacht. »Meinetwegen vormittags! Ich bin ja selbst mal zur Schule gegangen – und auch nicht sehr gern!«

Die Kinder stimmen in das allgemeine Gelächter der Erwachsenen ein. Dieser Johnny!

Da fällt Herrn Timmermann noch etwas ein: »Mit dir habe ich noch ein Hühnchen zu rupfen! Komm doch morgen nachmittag hierher – oder besser noch am Dienstag –, und bring auch gleich deine beiden Freunde mit. Ich möchte euch etwas zeigen. Sagen wir: Dienstag, um fünfzehn Uhr.«

Johnny ist ziemlich mulmig zumute. Ob er neulich bei seinem nächtlichen Streifzug etwas kaputtgemacht hat, ohne es zu merken? Er wirft Mops einen unsicheren Blick zu. Der zuckt die Achseln.

»Nun gut.« Kommissar Wegelein drückt seine dritte Zigarette aus und erhebt sich. Kühnagel steht ebenfalls auf. »Das war es, was wir Ihnen mitteilen wollten. Sie möchten jetzt sicher mit Ihrem Sohn allein sein. Der Junge braucht Ruhe nach all den Strapazen.«

Der Kommissar schüttelt Kais Eltern die Hand, klopft Kai aufmunternd auf die Schulter und wendet sich noch einmal an die Detektive:

»Auch wenn die ganze Sache gut ausgegangen ist und die Verbrecher dank eurer Mithilfe nun hinter Schloß und Riegel sitzen: Bitte nicht wieder solche Alleingänge! Ich gebe euch – und den Erwachsenen – einen guten Rat: Gehen Sie das nächste Mal gleich zur Polizei. Wir sind die Experten in solchen Fällen!«

Da fragt Mops ruhig: »Darf ich Ihnen auch einen guten Rat geben, Herr Kommissar?«

Der nickt erstaunt.

»Sie sollten mit dem Rauchen aufhören, das ist ungesund!«

Es wird noch ein langer Sonntag abend, denn drei Kinder erzählen zwei staunenden Elternpaaren und einer staunenden Mutter noch einmal die ganze lange Geschichte. Johnny muß natürlich hoch und heilig versprechen, nie wieder solchen Unfug anzustellen, wie bei fremden Leuten einzusteigen. Frau Böttcher ist ganz entsetzt über ihren Sohn, wenn sie auch zugeben muß, daß dieser »Unfug« letzten Endes doch sein Gutes hatte.

Am Montag vormittag haben Johnny, Tina und Mops auf dem Polizeipräsidium keine Schwierigkeiten mit der Identifizierung: Natürlich sind die Verhafteten die Männer, die sie beobachtet haben. Inspektor Kühnagel tippt im »Zweifinger-Hacksystem« erstaunlich flott das Protokoll und läßt es von den dreien und Sebastian Rüter unterschreiben.

»Das war's!«

Auf dem Flur treffen die vier Kai und seinen Vater, der im Aktenkoffer sein Geld abholt. Herr Timmermann bedankt sich nochmals bei Sebastian und drückt ihm einen Geldschein in die Hand: »Fürs Benzin und die Mühe, die Sie hatten!«

Zu den Kindern sagt er nur knapp: »Wir sehen uns ja noch!«

Die ganze Rückfahrt über ist Johnny ausgesprochen schweigsam. Er grübelt darüber nach, was Kais Vater ihm in der weißen Villa zeigen will.

Eine große Überraschung

Am Montag nachmittag staunt Tina gewaltig: Um Viertel vor vier klingelt es an der Wohnungstür, und Johnny und Mops stehen davor. Johnny sieht ziemlich verlegen aus und druckst ein wenig herum, ehe er zur Sache kommt:

»Also, Tina, Mops und ich haben gedacht, daß da vielleicht doch was dran ist an dem, was du immer behauptet hast. Von Gott und so. Ich hab' echt nicht geglaubt, daß Beten was hilft, oder daß Gott eingreift, wenn es brenzlig wird. Aber daß wir den Entführern überhaupt auf die Spur gekommen sind ...«

»Und dann die vielen Zufälle!« ergänzt Mops und rückt seine Brille zurecht. »Daß wir den Ford Transit gerade in dem Moment gesehen haben, als wir am Ausgang der Rennbahn waren, und daß er plötzlich wieder da war, als wir ihn schon aus den Augen verloren hatten, du weißt schon, als du gebetet hast – also, wir glauben jetzt auch, daß das kein Zufall war, sondern ... sondern Absicht«, endet Mops etwas hilflos.

»Und deshalb dachten wir, wir kommen mal mit in diesen 'Jugendtreff' von deiner Gemeinde. – Nur mal so, um zu gucken, wie es da so ist«, setzt Johnny schnell hinzu.

Tina lächelt. »Das finde ich prima, Johnny!«

Mehr sagt sie nicht. Aber das ist auch gar nicht nötig. Sie weiß ja: Wenn Gott erst einen Anfang gemacht hat, dann bleibt er dort nicht stehen. Sicher werden ihre beiden Freunde noch mehr gute Erfahrungen machen, wenn sie erst einmal bereit sind, Gott zu vertrauen und aus seinem Wort zu lernen.

Zunächst sind Johnny und Mops überrascht, als sie das Jugendzentrum betreten und von einem jungen Mann in Hemdsärmeln begrüßt werden: »Hallo, ich bin Martin. Schön, daß ihr da seid! Ich hoffe, ihr fühlt euch wohl bei uns.«

»Ich dachte, den Jugendtreff leitet euer Pastor?« Irgendwie hat sich Johnny einen Mann im schwarzen Talar vorgestellt, der so eine Art Bibelstunde abhält, und nicht einen jungen Burschen in Jeans wie diesen Martin, der lässig an der Tischtennisplatte im rechten Teil des großen Raumes lehnt und sich mit ein paar Teenagern unterhält. Tina setzt sich auf einen der im Kreis aufgestellten Stühle.

»Nö, Pastor Breitenbach hält sonntags meist die Predigt, aber den Jugendtreff machen Martin, Frank und Gabi. Immer abwechselnd.«

Die leeren Plätze füllen sich. Johnny zählt insgesamt sechzehn junge Leute.

»Ihr seid nicht die einzigen Neuen hier«, flüstert Tina den beiden Freunden zu. »Den Jungen da drüben, der im weißen Polohemd, sehe ich heute zum ersten Mal. Wahrscheinlich ist er mit Daniel gekommen. Und Katrin hat ihre Freundinnen mitgebracht.« Tina weist mit dem Kopf zum Rand des Kreises, wo drei Mädchen in ihrem Alter sitzen und miteinander tuscheln.

Martin nimmt seine Gitarre und stimmt ein englisches Lied an.

»Ich freue mich, daß trotz des schönen Wetters heute so viele von euch gekommen sind«, sagt er dann zur Begrüßung. »Wahrscheinlich waren die meisten am Wochenende unterwegs. Vielleicht haben einige von euch aber auch gestern gegen achtzehn Uhr das Popkonzert im Radio gehört.«

Ne, denkt Johnny, da hatten wir Wichtigeres zu erledigen!

»Ich wollte mir das Konzert auch anhören, denn wie die meisten von euch wissen, bin ich ein Fan von Phil Collins und Elton John.«

Johnny wundert sich schon wieder: Das hätte er von einem christlichen Jugendleiter nicht erwartet!

»Bloß leider«, fährt Martin fort, »kam kein einziger Ton aus meinem Apparat! Komisch, nicht? Unzählige Menschen hören ihre Lieblingsmusik, und mein Radio gibt keinen Muckser von sich.«

»Vielleicht war der Stecker nicht drin?« witzelt einer der Jungen.

»Richtig, Daniel. Du hast den Nagel auf den Kopf getroffen! Wenn ich den Stecker nicht in die Steckdose stecke, kann ich leider nichts empfangen.« Martin macht eine kurze Pause.

»Mit Gott ist es genauso: Wenn ich keinen Kontakt zu ihm herstelle, höre ich nichts. Gott sendet immer, aber ob wir das mitbekommen, hängt von uns ab, ob wir überhaupt eine Beziehung zu ihm haben wollen.«

Das leuchtet Johnny ein, und auch Mops nickt.

»Nun habe ich also mein Radio angeschlossen, und tatsächlich kamen auch Töne heraus, bloß leider nicht die, die ich hören wollte!« fährt Martin fort.

»Falscher Sender!« kommt ein fachkundiger Zuruf.

»Stimmt, ich hatte nicht die richtige Frequenz. Auch das ist wichtig, wenn wir wirklich 'Gottes Programm' hören wollen. Wir müssen schon mit Gott reden und in seinem Wort lesen, um auf der gleichen Wellenlänge zu sein. Und eigentlich fehlt noch ein Drittes für einen einwandfreien Empfang.«

Martin stellt pantomimisch dar, wie er den Stecker in die Steckdose steckt, den richtigen Sender sucht, und dann macht er noch eine ausholende Bewegung von unten nach oben.

»Die Antenne rausziehen!« schallt es ihm mehrstimmig entgegen.

»Genau! Wir müssen unsere Antennen ausfahren, dann hören wir auch, was er uns sagen will. – Laßt uns jetzt beten.«

»Herr, wir möchten gern eine enge Beziehung zu dir«, betet Martin. »Wir wollen von dir lernen, wie wir unser Leben gestalten sollen. Wir wollen auf dich hören und das tun, was du jedem einzelnen von uns sagst. Schenke uns einen schönen gemeinsamen Nachmittag und gute Gedanken, und begleite uns durch die vor uns liegende Woche. Amen.«

Dann singen sie aus den kleinen Liederbüchern, die Martin verteilt, das Lied »Immer auf Gott zu vertrauen, das ist der beste Weg«. Es klingt zwar nicht ganz so wie Phil Collins oder Elton John, ist aber ein eingängiger Song, der Johnny und Mops gut gefällt. Sie singen noch mehr Lieder zu Martins Gitarrenbegleitung, die alle überhaupt keine Ähnlichkeit haben mit »Ein feste Burg ist unser Gott«, das einzige christliche Lied, das Johnny vorher kannte – außer den Weihnachtsliedern natürlich.

Martin hat noch eine Geschichte mitgebracht von einem Mann, der unschuldig im Gefängnis sitzt, aber dennoch an Gott festhält und schließlich freikommt. Irgendwie fühlt sich Johnny dabei an Kai erinnert. Der war ja auch gefangen, ohne daß er etwas dafür konnte, und hat trotzdem nicht den Mut verloren.

Die jungen Leute diskutieren über das Gehörte, knabbern die Kekse und Salzstangen, die herumgereicht werden, und zu Schluß lädt Martin alle zum »Jugendtreff« am kommenden Montag ein.

»Das war echt super!« findet Johnny. »Nächstes Mal sind wir wieder mit dabei, nicht, Mops?«

Der nickt. »Wir können ja mal Kai fragen, ob der auch mitkommt.«

Bei der Erwähnung von Kais Namen fällt Johnny wieder Herr Timmermann ein. Was der bloß von ihm will? Hoffentlich kriegt er keinen Ärger!

Johnny beschließt, vor dem Treffen mit Kais Vater Gott um seine Hilfe zu bitten. Dann wird es schon nicht so schlimm werden!

Am Dienstag klingeln Johnny, Tina und Mops Punkt fünfzehn Uhr an der Timmermannschen Haustür. Diesmal öffnet Kais Mutter mit strahlendem Gesicht. Richtig hübsch sieht sie aus!

»Kommt rein, Kinder! Mein Mann ist im Wohnzimmer.« Dann geht sie in die Küche. Von Karsten und Kai ist nichts zu sehen.

Herr Timmermann steht vor dem antiken Bücherschrank, blättert in einem Band und dreht ihnen den Rücken zu.

»Rrhm«, räuspert sich Johnny.

»Ah, da seid ihr ja!« Kais Vater dreht sich zu ihnen um und legt das Buch aus der Hand. Sein Gesicht ist ernst. »Geht doch mal nach hinten und seht euch den Tisch im Eßzimmer genau an.«

Den Eßzimmertisch? Was soll an dem schon sein? Da haben sie doch vorgestern noch alle drei dran gesessen ...

Aber dann ist da doch etwas Besonderes:

»Wahnsinn!« schreit Johnny und springt in die Luft. Mops kriegt ganz große Augen hinter seinen Brillengläsern, und Tina flüstert: »Oh!«

Auf dem Tisch liegen drei Bausätze für Segelflugmodelle, die größten, die es gibt, und sicher ganz schön teuer. Ehrfürchtig fährt Johnny mit dem Zeigefinger über die detailgetreue Abbildung auf der Verpackung.

»Die sind für euch!« Herr Timmermann lacht jetzt über das ganze Gesicht. »Und wenn ihr beim Bau Hilfe brauchen solltet: Ihr habt ja noch Kai – und mich!«

Plötzlich sind auch Karsten und Kai da und Frau Timmermann aus der Küche. Alle umringen die drei Kinder und freuen sich über die gelungene Überraschung.

»Zwar hätte ich meinen Sohn auch ohne eure Hilfe zurückbekommen, die Entführer haben ja Wort gehalten«, erläutert Herr Timmermann. »Aber mein Geld wäre ich wohl auf Nimmerwiedersehen los gewesen. Da dachte ich mir, einen kleinen Finderlohn hättet ihr euch verdient. Was meint ihr dazu?«

»Echt Spitze!« stößt Mops hervor, und Tina ruft mit roten Wangen: »Das müssen wir Frau Seidel erzählen!«

Johnny fehlen ausnahmsweise einmal die Worte.

ENDE

Bibellesen macht Spaß!

Manche denken:

"Bibellesen - ist das langweilig!"

Falsch
Bibellesen kann sogar echt spannend sein!

Andere sagen:

"Da steht so viel drin, was man nicht kapiert!"

Richtig
Manches ist nicht so leicht verständlich!

Deswegen gibt´s beim Bibellesebund extra Zeitschriften, die einem helfen, die Bibel zu verstehen.
Da wird für jeden Tag ein Abschnitt aus der Bibel durch Erklärungen, Rätsel, Fragen und Bilder interessant gemacht.

Kinder, die mit dem Bibellesen schon begonnen haben, meinen:

"Ich finde gut, daß es die Bibel gibt, die hilft einem so oft weiter."
Rebecca, 12 Jahre

"Ich lese die Bibel, weil ich zu Gott gehören will und etwas von Gott wissen will."
Michael, 9 Jahre

Komm, mach doch mit!

Guter Start
heißt der Bibelleseplan mit Erklärungen für Kinder ab 9 Jahre.
Alle drei Monate gibt´s ein neues Heft.

Geradeaus
heißt der Bibelleseplan mit Erklärungen für Leute ab 13 Jahre.
Er erscheint jedes Vierteljahr neu.

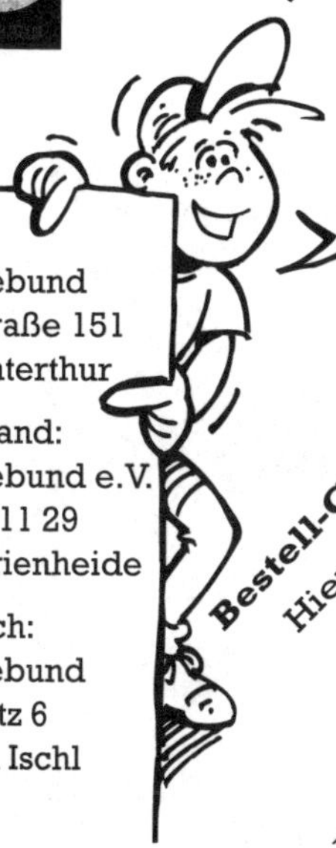

Bestell Dir doch einfach mal ein kostenloses Probeheft. Coupon ausschneiden und an eine dieser Anschriften schicken.

Schweiz:
Bibellesebund
Römerstraße 151
8404 Winterthur

Deutschland:
Bibellesebund e.V.
Postfach 11 29
5277 Marienheide

Österreich:
Bibellesebund
Kreuzplatz 6
4820 Bad Ischl

Bestell-Coupon

Hiermit bestelle ich ein kostenloses Probeheft von

☐ Guter Start ☐ Geradeaus

Name

Straße

PLZ, Ort

Alter

Liebe Freunde von BLB-Adventures!

Diese spannende Geschichte hat Euch sicherlich gefallen. Wir haben noch weitere Bände mit den drei Freunden vom Brombeerweg geplant. Erkundigt Euch bei Eurem Buchhändler oder direkt beim Bibellesebund danach.

Kennt Ihr eigentlich schon:

Die drei vom Brombeerweg auf Schatzsuche

von MARION BIRKIGT

Johnny, Mops und Tina entdecken zufällig eine geheime Botschaft mit einer alten Schatzkarte. Aber was bedeuten die Wörter, Zahlen und das Kreuz? Nachdem die drei Freunde mühsam den Schatz aufgespürt haben, wartet eine neue Überraschung auf sie. Jetzt müssen sie schnell handeln: Wer ist der Mann mit den Bürstenhaaren und Segelohren?